青海省交控建设工程集团有限公司
企业工法汇编

青海省交控建设工程集团有限公司　编

人民交通出版社股份有限公司
北京

内 容 提 要

本书对青海省交控建设工程集团有限公司企业工法进行了汇编，主要包括公路隧道悬臂式掘进机施工工法、盐渍土地区混凝土结构物防侵蚀施工工法、结构物台背回填机械液压夯实施工工法、级配砂砾底基层机械拌和摊铺施工工法、后张法预应力钢绞线智能张拉施工工法、公路预制装配式钢筋混凝土箱形涵洞施工工法、客土喷播三维网植草施工工法、路缘石滑模施工工法以及薄壁空心墩翻模施工工法。

本书可供公路工程施工人员参考使用。

图书在版编目(CIP)数据

青海省交控建设工程集团有限公司企业工法汇编 / 青海省交控建设工程集团有限公司编. — 北京：人民交通出版社股份有限公司，2021.12

ISBN 978-7-114-16844-4

Ⅰ.①青… Ⅱ.①青… Ⅲ.①建筑工程—工程施工—建筑规范—汇编—青海 Ⅳ.①TU711-65

中国版本图书馆 CIP 数据核字(2020)第 173753 号

书　　名：**青海省交控建设工程集团有限公司企业工法汇编**
著 作 者：青海省交控建设工程集团有限公司
责任编辑：丁　遥　李学会
责任校对：孙国靖　龙　雪
责任印制：张　凯
出版发行：人民交通出版社股份有限公司
地　　址：(100011)北京市朝阳区安定门外外馆斜街 3 号
网　　址：http://www.ccpcl.com.cn
销售电话：(010)59757973
总 经 销：人民交通出版社股份有限公司发行部
经　　销：各地新华书店
印　　刷：北京市密东印刷有限公司
开　　本：880 × 1230　1/16
印　　张：9.75
字　　数：295 千
版　　次：2021 年 12 月　第 1 版
印　　次：2021 年 12 月　第 1 次印刷
书　　号：ISBN 978-7-114-16844-4
定　　价：80.00 元

总 目 次

公路隧道悬臂式掘进机施工工法

青海省交控建设工程集团有限公司企业工法

公路隧道悬臂式掘进机
施工工法

（编号：QHJGGF-01—2020）

主编单位：青海省兴利公路桥梁工程有限公司
批准单位：青海省交控建设工程集团有限公司

编制单位及编写人员

主 编 单 位：

青海省兴利公路桥梁工程有限公司

参 编 单 位：

青海省交控建设工程集团有限公司

主要参编人员：

仁青才让　谷勇海　韩文启　王朝军

索有升　　马　麟

目　次

1 前言

国道310线尖扎至共和公路是《国家公路网规划(2013—2030年)》连云港至共和公路的重要路段,是东连甘肃、西接青海中东部地区的一条重要的东西横向大通道,在国家和区域路网中居重要地位。项目集旅游开发和青海省多条重要国省道的联络功能为一体。国道310线尖扎至共和公路牙什尕至阿什贡段工程JGSG-1标段起点位于尖扎县坎布拉镇(起点桩号为ZK11+180、YK11+280)。路线起点设置唐色隧道穿越山体,设置德龙尖巴大桥穿越狭窄冲沟,连续设置李家峡隧道、南宗沟1号隧道穿越山体后进入南宗沟,设置南宗沟大桥。路线终于南宗沟2号隧道中部(终点桩号为ZK21+460、YK21+430),顺接JGSG-2标段起点,本标段路线长10.28km。

唐色隧道进口ZK11+180~ZK11+620(YK11+280~YK11+640)段设计围岩等级Ⅴ级,围岩以强中风化砾岩、泥质粉砂岩为主,岩体成岩作用差,围岩胶结性好,围岩较完整。

南宗沟1号隧道出口ZK18+275~ZK19+569(YK18+245~YK19+590)段围岩主要为中风化泥质砂岩,围岩节理裂隙不发育,岩体坚硬、胶结性好,围岩整体稳定,岩体干燥。

唐色隧道进口距离村庄150m,南宗沟1号隧道出口右侧30m为寺院(寺院房屋均为土木结构)且隧道洞顶为坎布拉森林公园地质遗迹,为避免村庄、寺院房屋及地质遗迹受影响,均不能采用爆破方式开挖。项目部前期采用挖掘机+破碎锤配合开挖,由于围岩呈泥质胶结结构,此开挖方式持续时间长,施工进度严重滞后,根本无法满足总工期进度要求。为保证工程质量和进度,项目部多次到甘肃临大线考察后引进徐工XTR6/320悬臂式隧道掘进机进行掘进施工,不仅能够加快施工进度,满足业主既定工期目标,还能保证隧道掘进施工中地表建(构)筑物的安全稳定。

2 工法特点

隧道悬臂式掘进机是一种集岩土切割、装运、独立行走、喷雾灭尘为一体的多功能联合掘进设备,适用于公路隧道工程施工,其主要特点如下:

(1)切割高度可满足大断面公路隧道的高度需求,无须分层施工。

(2)具备硬岩切割模式,提高掘岩能力。

(3)驾驶室位于车身上部左侧,视线开阔,右侧配合遥控,保证左右切割边界不超差。

(4)具有自动卷电缆功能,减轻工人劳动强度。

(5)双层本体架布置,增大安装维修空间。

(6)整机供电电压标配380V,满足供电需求。

(7)电机软启动,避免启动冲击,提高电器件使用寿命。

(8)可配装风机除尘系统,改善隧洞环境。

(9)具有安全报警功能。

3 适用范围

掘进机法适用于围岩岩石极限抗压强度不大于60MPa的公路隧道施工。

4 工艺原理

本工法采用徐工XTR6/320悬臂式掘进机,悬臂式掘进机作业线主要由主机与后配套设备组成,包含多种机构,具有多重功能。主机切割破落岩石下来后,运转机构把破碎的岩渣转运至机器尾部卸下,由后配套装载机、运输机或自卸车运走。悬臂式掘进机切割臂可上下、左右自由摆动,能切割任意形状的断面,切割出的表面精准平整,便于支护。切割时振动较小,对岩石的扰动非常微弱,从而提高隧道整体稳定性。

5 施工工艺流程及操作要点

5.1 施工工艺流程

公路隧道悬臂式掘进机施工工艺流程如图5-1所示。

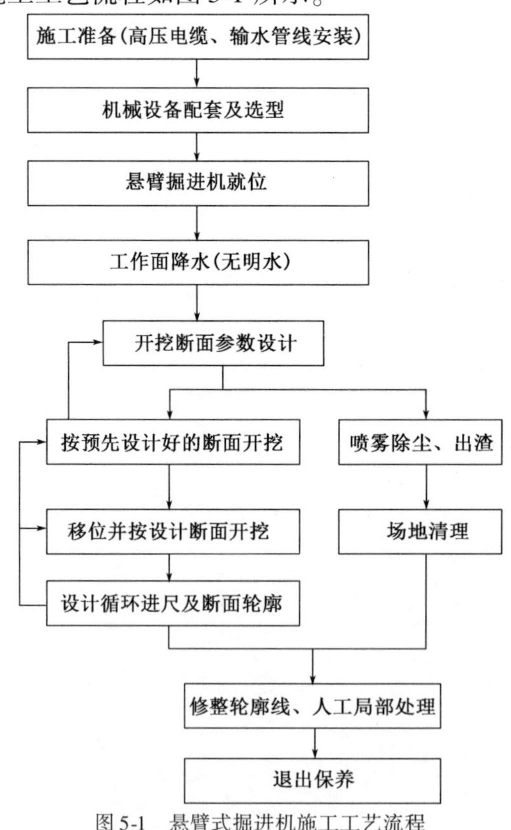

图5-1 悬臂式掘进机施工工艺流程

隧道开挖施工工艺流程：上台阶开挖→上台阶初支→下台阶左侧开挖（下台阶右侧开挖，左右侧错开3～5m）→下台阶左侧初支（下台阶右侧初支）→开挖隧底→施作隧底支护→施作永久性仰拱及边墙基础施工→施作防水及二次衬砌。

5.2 操作要点

G310线尖扎至共和公路牙什尕至阿什贡段工程JGSG-1标段唐色隧道进口及南宗沟1号隧道出口采用悬臂式掘进机进行开挖，在开挖过程中隧道掘进采用上下台阶法施工，上台阶、下台阶及仰拱均采用悬臂式掘进机开挖，挖掘机辅助。上台阶掘进开挖完成后，采用装载机将支护台架运至掌子面进行后续支护（锚杆、钢筋网、钢拱架、喷射混凝土）作业，掘进机则进行下台阶部位掘进施工或根据工序安排退至不影响后续工序位置等待下一掘进循环。

5.2.1 施工准备

（1）熟悉施工图纸，做好技术交底及培训。

（2）做好现场劳动力的组织，准备好各种设备，并保证施工机械的完好率，使其满足施工要求。

（3）施工之前，根据围岩地质情况，选取合理的机械设备型号，并进行合理的机械设备配套。在洞内布设好所需的高压电缆、输水管线，同时将掘进机与工作面齐头，并摆放妥当。

（4）施工供电。重型悬臂式掘进机机器供电电压一般为660～1140V，与一般隧道机械工作电压有区别，但只要洞口有10kVA供电变电站，即可满足需要。

5.2.2 超前物探配套

采用地质超前预报技术，减少或避免施工中可能遇到的诸如塌方、涌水、涌土等地质灾害。采取地面物探、地质雷达、超前水平钻等超前预报措施将前方岩层地质探明，以保证设备及人员的作业安全。

5.2.3 工作面降水

工作面降水的目的是防止因渗水量过大，切割的岩渣成泥状而糊住切割头，以致降低切割效率。采用台阶法施工时，工作面基本具有自然降水的能力，仅在拱脚及边墙等局部有水渗出。降水要求为工作面无明水，尽量保持干燥，切割岩渣不能形成泥状。

5.2.4 开挖断面参数设计

悬臂式掘进机为纵向切割头（切割头直径为84cm），截齿数量为52个，导流槽为3槽，导流槽深度为8cm，截齿呈螺旋状，顺时针旋转，切割头连接伸长臂后的伸长量为2～3m。根据切割头特点，开挖断面设计按分部条块法开挖，横向左右分部，竖向上下分条块。分块大小：高度0.8～1.2m，左右每部分8～10块；开挖宽度4.5～5m；深度为设计循环进尺2.2m。当操作不熟练时或为提高掘进机效率，可在工作面弹线，标示条块分隔线。

5.2.5 隧道开挖

1 上台阶开挖

根据隧道断面大小、围岩情况，结合掘进机外形尺寸（长度17m，宽度3.8m，高度3.7m）、装载机高度(3.8m)、湿喷机高度(3.6m)、混凝土搅拌运输车进料口高度(4.0m)(喷射混凝土采用湿喷工艺)及支护作业空间,确定上台阶开挖高度宜为6.4m。开挖、支护台架尺寸如图5-2所示。

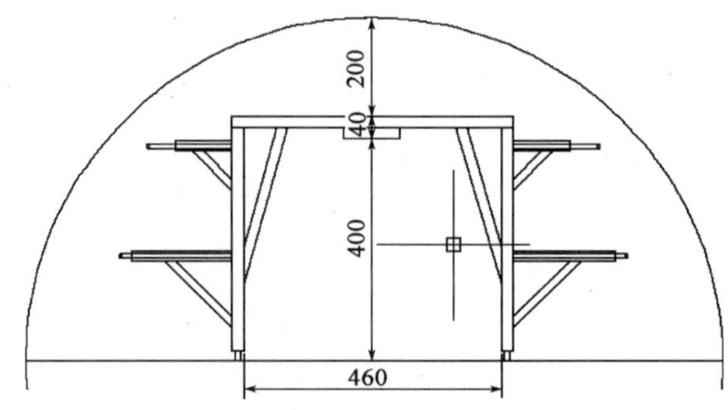

图5-2 开挖、支护台架尺寸图(尺寸单位:cm)

隧道掘进机切割头长度为1.2m,故每循环进尺宜控制在1.8~2.4m,每循环开挖需预留1.0m作为下一开挖循环切割头安全作业空间,作业空间太小不利于上一循环拱架成品保护,开挖完成后对掌子面进行C25混凝土初喷,厚度为4cm。

施工现场超欠挖控制采用5cm×3cm矩形管、ϕ8mm钢筋焊制靠尺,严格控制超欠挖。经实际测量,超挖可控制在5~8cm范围内。

上台阶长度根据现场情况确定如下:悬臂式掘进机长度17m+自卸车、装载机作业长度8m+支护台架8m+上下台阶爬坡段长度8m,上台阶总长度为41m。下台阶至上台阶高度为3.5m。

2 下台阶开挖

当上台阶单循环开挖完成后开始支护时,掘进机退到下台阶部位掘进施工。

下台阶长度根据现场情况确定如下:悬臂式掘进机长度17m+自卸车、装载机作业长度8m,下台阶总长度为25m。

现场实际施工中采用普通栈桥时,掌子面与仰拱实际所需距离为71m,仰拱至二衬间实际所需距离为29m,故掌子面与二衬实际所需距离为100m。

3 掘进机切割方式

悬臂式掘进机就位后,开始从掌子面底部水平割出一条槽,向前移动掘进机再一次就位,就位后切割头自上而下、左右循环切削。在切削同时铲板部耙爪将切削下来的渣装入第一运输机,第一运输机转运至第二运输机,第二运输机直接运至掘进机尾部,采用配套装载机装入出渣车运至洞外。从底部开挖到拱部完成后进行修整,达到设计断面要求。

悬臂式掘进机的切割方式是从扫底开始切割,再按S形或Z形左右循环向下的切割路线逐级切割以上部分。

选用右旋切割头切割硬岩,先由右向左从扫底开始切割,再从左至右、自下往上或从右往左、自上而下逐步进行切割。如遇节理发育较高岩石,则应选择岩石节理方向逐步切割。

针对不同硬岩可选择不同的截齿,截齿呈螺纹线排布,确保机器有更好的掘削能力,并具有自洁功能,可根据实际工况条件选择最佳切割头,提高施工效率。当局部再有硬岩时,可以选用小直径切割头,切割力大,破岩能力强,以降低掘进难度及截齿消耗量。

悬臂式掘进机的切割方式如图5-3所示。

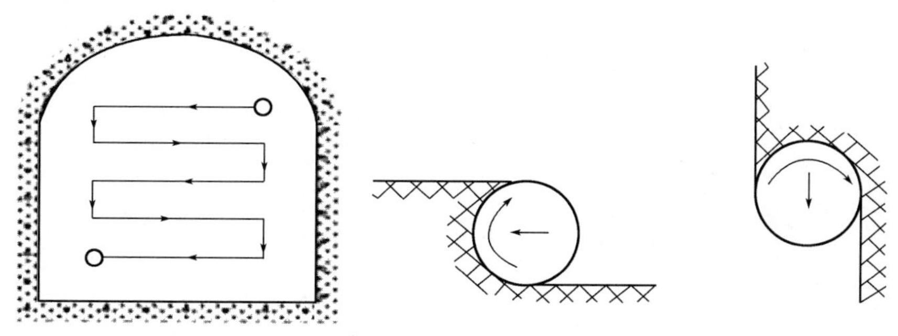

图 5-3　掘进机切割方式示意图

4　掘进施工后支护方案

掘进机在掌子面掘进完成后，支护工班按照设计支护方式进行初期支护的施作，如此循环施工。

5　轮廓修整及人工局部处理

由于机械设备条件尺寸限制，无法实现开挖轮廓线范围 10 ~ 20cm 厚度轮廓修整，只能采用人工修整或其他机械设备修整。当然，在采用分部开挖时，可实现局部处理的平行作业。

6　喷雾除尘、出渣、场地清理

掘进机工作时，采取流水线作业，一边开挖，一边通过机械设备配套实现出渣。为控制粉尘，需适当喷雾，既达到减少粉尘的目的，又不引起岩渣泥化。

6　材料与设备

6.1　施工主要材料

隧道悬臂式掘进施工每延米材料用量见表 6-1。

每延米材料用量表　　表 6-1

序　号	材料名称	单　位	数　量	备　注
1	C25 喷射混凝土	m^3	6.29	
2	ϕ25mm 中空注浆锚杆	m	87.5	
3	ϕ8mm 钢筋网	kg	105.1	
4	C30 防水混凝土	m^3	10.45	
5	C30 普通混凝土	m^3	6.22	
6	C15 片石混凝土	m^3	10.4	
7	350g/m^2 无纺土工布	m^2	23.74	
8	乙烯-醋酸乙烯共聚物(EVA)防水板	m^2	23.74	
9	ϕ42mm × 4mm 超前小导管	m	58.33	
10	HPB300 钢筋	kg	45	
11	HRB400 钢筋	kg	1064.9	
12	工字钢 I18	kg	787.66	

续上表

序　号	材料名称	单　位	数　量	备　注
13	工字钢 I14	kg	200.4	
14	A3 钢板	kg	84.63	
15	150mm×150mm×16mm 锚杆垫板	kg	70.65	
16	M20 连接螺栓	kg	7.35	
17	ϕ42mm×4mm 锁脚锚杆	m	35	
18	ϕ22mm 拱架连接钢筋	kg	120.15	
19	1:1 水泥浆	m^3	1.984	

6.2　施工主要设备

隧道悬臂式掘进施工每个工作面主要设备配备情况见表6-2，XTR6/320 悬臂式掘进机主要技术参数见表6-3。

隧道悬臂式掘进施工每个工作面主要设备配备表　　表6-2

序　号	设备名称	规格型号	数　量	用　途
1	悬臂式掘进机	XTR6/320	1 台	隧道开挖
2	电焊机	22kW	4 台	钢拱架、钢筋网、L 形钢筋锁脚焊接等
3	双液注浆泵		1 台	超前注浆导管注浆、中空注浆锚杆注浆
4	混凝土搅拌运输车	$12m^3$	6 辆	混凝土运输
5	混凝土泵车、地泵		1 台	二衬混凝土浇筑
6	装载机		1 台	移动台架及出渣装土
7	自卸车		5 辆	出渣
8	空压机		2 台	打钻送风
9	通风机		1 台	隧道内通风
10	风动凿岩机		10 台	超前小导管、锁脚、中空锚杆打设
11	挖掘机		1 台	配合掘进机开挖
12	液压式衬砌台车		1 台	二衬浇筑模板
13	防水板铺设、二衬钢筋绑扎台架		2 台	铺设防水板、二衬钢筋绑扎
14	仰拱栈桥		1 座	仰拱浇筑后用于其他车辆通行
15	湿喷式混凝土喷射机		1 台	C25 混凝土喷射
16	全站仪		1 台	测量放样
17	电子水准仪	DINI	1 台	测量

XTR6/320 悬臂式掘进机参数　　表6-3

项　目		技术参数	备　注
定位切割范围	高度(m)	6~7	
	宽度(m)	7~8	
整机重量(t)		125	

续上表

项　　目		技术参数	备　　注
装机总功率(含二运、除尘)(kW)		560	
外形尺寸	长(mm)	17000	
	宽(mm)	3800	
	高(mm)	3700	
卧底深度(mm)		247	
爬坡能力(°)		-16 ~ +16	
接地比压(MPa)		0.19	
供电电压(V)		1140	
冷却水量(L/min)		0 ~ 150	
单轴抗压强度(MPa)		60	
切割电机功率(kW)		320/240	

7　质量控制

7.0.1　严格执行标准,悬臂式掘进施工严格按照设计图纸进行,悬臂式掘进施工质量应符合现行《公路隧道施工技术规范》(JTG/T 3660)、《公路工程质量检验评定标准　第一册　土建工程》(JTG F80/1)的规定。

7.0.2　施工前有针对性地对各专业工种进行技术培训,制定各工序标准化作业细则,提高施工人员的整体技术水平,特别对使用新型设备人员要确保培训质量,为建设合格工程创造条件。

7.0.3　认真执行设计图纸审核制度,并做好施工技术交底,使现场领工员及每一位施工人员做到心中有数,严格按技术要求施工,保证设计意图的实现。

7.0.4　施工前后自始至终要对建筑物测量的中线、高程严格执行双检制,各种测量资料收集要及时、齐全,保证资料均从现场取得,严格控制超欠挖施工。

7.0.5　在施工中充分发挥专、兼职质量检查人员的作用,对各工序进行全面自检,特别是隐蔽工程,必须在监理人员检查、签证后方可进行下道工序施工,使工程每一环节质量均有保证。

7.0.6　在施工中要充分调动工人的积极性,对施工人员根据工作质量的优劣进行奖罚,促使各作业人员把质量放在首位,使工程质量水平不断提高。

8　安全措施

8.0.1　为确保工程能够安全、顺利进行,施工过程中将切实把安全生产放在首位,严格执行《中华人民共和国安全生产法》《中华人民共和国突发事件应对法》《生产安全事故应急条例》及现行《公路工程施工安全技术规范》(JTG F90)等。在施工中落实各项安全措施,保证施工、人身、设备安全。

8.0.2　隧道施工必须做好施工前期准备工作,编制施工组织设计,并向施工人员进行技术交底,合理安排施工。隧道施工各班组间,必须建立完善的交接班制度。

8.0.3 施工中必须加强对围岩及支护的检查和测量,掌握围岩和支护的变形位移情况。所有进入隧道的人员,必须按规定佩戴好安全防护用品,遵章守纪,听从指挥。

8.0.4 开挖人员到达工作地点时,首先应检查工作面是否处于安全状态,并检查支护是否牢固,顶板和两侧是否稳定,如有松动的石、土块或裂缝必须先予清除或支护。

8.0.5 悬臂式掘进机切割施工时,操作人员必须相互配合,保持必要的安全操作距离,并按规定使用安全防护用品(如安全帽、防尘口罩等)。

8.0.6 各类进洞车辆必须处于完好状态,制动有效,严禁人料混载。所有进洞运载车辆不准超载、超宽、超高运输。装运大体积或超长料具时,应有专人指挥、专车运输,并设置显示界线的红灯,物件应捆扎牢固。机械装渣时,坑道断面必须能满足装载机械的安全运转,装渣机上的电缆或高压胶管应有专人收放,装渣机操作时,其回转范围内不得有人通过。

8.0.7 隧道开挖后,必须根据围岩情况,严格按照施工工序设计图纸开始施工。施工期间,现场施工负责人必须会同有关人员对支护定期进行检查。

9 环保措施

9.0.1 严格贯彻执行《中华人民共和国环境保护法》《青海省生态环境保护条例》《青海省公路建设生态环境保护技术指南》及当地政府的有关环境保护的规定。

9.0.2 保护当地自然植被,合理安排,尽量少占用场地。

9.0.3 使用的工程机械和运输车辆安装消声器并加强维修保养,降低噪声。机械车辆途经居住场所时减速慢行,尽量不鸣喇叭。

9.0.4 配备专用洒水车,对施工现场和运输道路经常洒水湿润,减少扬尘。

9.0.5 施工废水、生活污水按有关要求进行处理,施工现场设固定的垃圾桶存放垃圾,分类标识存放,定期清理,运至指定的垃圾处理场或废品站回收利用,不得乱扔、乱倒垃圾。施工场地的遗弃物、废油等集中进行预处理后,采用专用车辆运输至指定的处理厂或存放点。

9.0.6 施工区域、办公区域和生活区域明确划分。生活区的临时设施符合规范要求,做到内外整洁、卫生。

10 效益分析

10.1 社会效益

悬臂式掘进机施工工法能减少地表建筑物的振动和对围岩的扰动,从而保证隧道下穿建筑物时的安全,不发生建筑物坍塌损毁。因振动小,每次开挖进尺比新奥法施工进尺要多 1 倍,在缩短施工工期上效果较好。公路隧道悬臂式掘进机施工工法具有良好的社会效益。

10.2 经济效益

正常采用弱爆破法施工，从施作超前小导管到复喷混凝土结束每循环最少需 24h；而挖掘机每循环掘进开挖长达 17 ~ 20h，每循环完成约需 2d，严重制约工期，且需给开挖、支护、衬砌施工工人无偿支付工资，延长工期就会增加管理费。采用掘进机进行施工，每循环掘进开挖时间下降至 6 ~ 9h，开挖时间较挖掘机开挖节省约 9h，预计节约工程费用 10% ~ 15%。

11 应用实例

本工法应用于 G310 线尖扎至共和公路牙什尕至阿什贡段工程 JGSG-1 标段唐色隧道、南宗沟 1 号隧道，经过相关部门多次方案比选、论证，结合洞内围岩情况，决定采用悬臂式掘进机开挖工法施工。掘进机对特殊工况适用性好，尤其是对特殊区域（如邻近房屋楼体、文物建筑、破碎围岩等）隧道施工，较挖掘机开挖及爆破施工对围岩扰动少，对围岩破坏小，安全性高，不影响附近房屋建筑安全和居民休息，从根本上解决了下穿居民区的难题。另外掘进机采用履带式行走机构，便于转弯、爬坡，对复杂地质条件适应性也强，且施工后各项技术指标均符合要求，为今后隧道下穿施工积累了宝贵的经验。

公路隧道悬臂式掘进机施工现场如图 11-1 所示。

a)掘进机切割头及截齿实物图

b)超前小导管

c)超前小导管注浆

d)掘进机开挖

图 11-1

e)打设锁脚锚杆

f)锚杆注浆

g)锁脚锚杆钢拱架

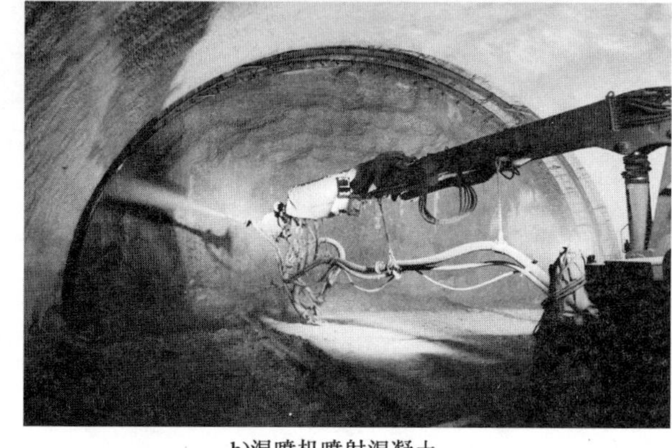

h)湿喷机喷射混凝土

图 11-1　悬臂式掘进机施工现场图

盐渍土地区混凝土结构物防侵蚀施工工法

青海省交控建设工程集团有限公司企业工法

盐渍土地区混凝土结构物防侵蚀施工工法

（编号：QHJGGF-02—2020）

主编单位：青海省交控建设工程集团有限公司
批准单位：青海省交控建设工程集团有限公司

编制单位及编写人员

主 编 单 位：

青海省交控建设工程集团有限公司

参 编 单 位：

青海省湟源公路工程建设有限公司

青海省果洛公路工程建设有限公司

主要参编人员：

谢忠安　陈忠宇　马青龙　杨明达

杨　慧

目　　次

1 前言

我国西北地区盐渍土分布较广，土壤中的盐分主要为硫酸盐和氯盐。普通混凝土是一种非均质、多孔的材料，盐渍土中的 Cl^{-1} 和 SO_4^{-2} 极易侵入混凝土中。氯盐主要腐蚀混凝土中的钢筋从而引起结构破坏，硫酸盐主要通过物理、化学作用破坏水泥水化产物，使混凝土分化、脱落并丧失强度。因此研究混凝土结构物在盐渍土中的耐久性问题，提高盐渍土地区混凝土结构物的防侵蚀能力，具有非常重要的现实意义和深远的社会影响。

2 工法特点

2.0.1 使用抗硫酸盐水泥，提高混凝土的抗硫酸盐侵蚀能力。

2.0.2 对结构物基底及台背填埋部分换填透水性强的非盐渍土，以减少结构物周围土壤中的盐分，减少对混凝土的侵蚀。

2.0.3 改善混凝土配合比设计，降低水灰比，提高混凝土强度。

2.0.4 对埋入地下的结构物混凝土涂刷沥青，周围铺设油毛毡，以阻断盐渍土中 Cl^{-1} 和 SO_4^{-2} 的侵蚀路径，提高混凝土的耐久性。

3 适用范围

本工法适用于建筑工程盐渍土地区混凝土结构物的防侵蚀施工。

4 工艺原理

通过使用抗硫酸盐水泥，对结构物基地及台背填埋部分换填透水性强的非盐渍土，改善混凝土配合比设计，降低水灰比，对埋入地下的结构物混凝土涂刷沥青，周围铺设油毛毡，提高盐渍土地区混凝土结构物的防侵蚀能力。

5 施工工艺流程及操作要点

5.1 施工工艺流程

施工工艺流程如图 5-1 所示。

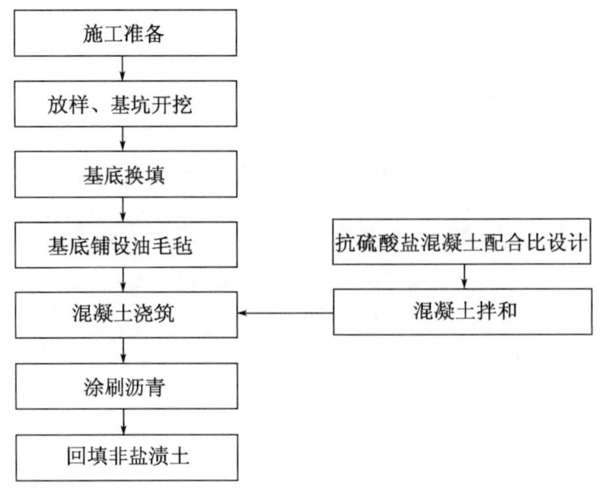

图 5-1　施工工艺流程图

5.2　操作要点

5.2.1　施工准备

项目部进行图纸会审，由项目技术负责人进行技术交底，根据设计图纸进行施工放样。

5.2.2　基坑开挖

基坑开挖采用挖掘机作业，深度超挖 0.8m，基坑底面尺寸为每边基础尺寸 +0.5m，以便于支模及回填非盐渍土砂料。机械开挖完成后人工进行修整，对基底进行夯实。

5.2.3　基底换填

基底换填 0.8m 厚的透水性良好的非盐渍土砂料，换填时严格控制每层铺筑厚度不超过 0.3m，适时测量压实度，确保达到规范要求；换填完成后测量地基承载力，地基承载力必须达到设计要求。

5.2.4　铺设油毛毡

为防止基底混凝土遭受盐分侵蚀，在基底铺设一层油毛毡，以阻断盐渍土中 Cl^{-1} 和 SO_4^{-2} 的侵蚀路径。基底必须满铺，铺筑平整，油毛毡搭接宽度必须保证 0.3m。

5.2.5　混凝土浇筑

1　盐渍土路段结构物混凝土必须使用抗硫酸盐水泥，在进行配合比设计时，应适当增加抗硫酸盐水泥用量，降低水灰比，以提高混凝土强度，增强混凝土的抗腐蚀能力。

2　桥涵混凝土模板应使用大面积钢模板或组合钢模板，浇筑混凝土前必须认真检查模板和钢筋的尺寸、预埋件的位置等是否正确，并要检查模板的清洁、润滑和紧密程度。

3　为防止混凝土离析，自高处向模板内倾卸混凝土时自由倾落高度不宜超过 2m。当高度超过 2m 时，应通过串筒、溜管或振动管等设施下落；高度超过 10m 时，应设置减速装置。

4　混凝土应按一定厚度、顺序和方向分层浇筑，在下层混凝土初凝或能重塑前完成上层混凝土的浇筑。上、下层同时浇筑时，上层与下层前后浇筑距离应保持 1.5m 以上。在倾斜面上浇筑时，应从低处开始逐层扩展升高，保持水平分层，分层浇筑厚度不宜超过规范要求。

5　振捣混凝土时,必须做到振捣密实但不过振。密实的标志是:混凝土停止下沉,不再冒出气泡,表面平坦、泛浆。

6　浇筑混凝土应连续进行,因故必须间断时,其间断时间应小于前层混凝土的初凝时间或能重塑的时间。当间断时间不满足要求时,应预留施工缝。

7　混凝土养生采用覆盖或塑料薄膜包裹,混凝土表面要保持湿润,以保证混凝土的强度增长。

5.2.6　涂刷沥青

埋入地下的混凝土下部结构及基础应先刷3遍沥青,涂刷的沥青应保证表面密实、平整。涂刷沥青后再包裹一层油毛毡,油毛毡包裹必须严实、平整。

5.2.7　回填

台背回填及涵内回填选用强度高、天然透水性强的路基填筑料。严格按台背回填的要求进行分层回填,每层压实度均应达到规范要求。当回填范围过小不能使用大型机械进行压实时,应采用小型夯机进行夯实。桥涵台背回填应在梁板安装完成后进行,且应两侧同时进行填筑。

6　材料与设备

6.1　主要材料

6.1.1　水泥

盐渍土地区结构物混凝土应使用抗硫酸盐水泥。水泥应符合现行国家标准的规定,并附有厂家的水泥品质试验报告等合格证明文件。水泥进场后,应按其品种、强度等级、证明文件以及出厂时间等情况分批进行检查验收。对所用水泥均应进行复查试验。

6.1.2　细集料

结构物混凝土的细集料,应采用级配良好、质地坚硬、颗粒洁净、粒径小于5mm的河砂;河砂不易得到时,也可用山砂或用硬质岩石加工的机制砂。砂的各项指标及级配应符合现行《公路工程集料试验规程》(JTG E42)和设计文件的要求。

6.1.3　粗集料

结构物混凝土的粗集料,应采用质地坚硬的碎石,碎石的各项指标及级配应符合现行《公路工程集料试验规程》(JTG E42)和设计文件的要求。粗集料的最大粒径应按设计文件的要求选取,但最大粒径不得超过结构最小边尺寸的1/4和钢筋最小净距的3/4;在两层或多层密布钢筋结构中,不得超过钢筋最小净距的1/2,同时不得超过100mm。泵送混凝土的碎石最大粒径除应符合上述规定外,还不宜超过输送管径的1/3。

6.1.4　水

水中不应含有影响水泥正常凝结与硬化的有害杂质或油脂及游离酸类等,污水、pH值小于5的酸性水及含硫酸盐量超标的水不得使用。

6.2 主要机具设备

主要机具设备见表6-1。

主要机具设备表 表6-1

序号	机具设备名称	规格型号	单位	数量	备注
1	挖掘机		台	1	
2	振动压路机	26t	台	1	
3	小型打夯机		台	1	
4	装载机	50型	台	1	
5	混凝土搅拌运输车		台	3	
6	混凝土拌和站		台	1	
7	洒水车		台	1	
8	插入式振动器		台	4	
9	自卸汽车		台	4	

7 质量控制

7.0.1 涂刷防腐沥青的基层应坚实平整,不起砂,干燥。

7.0.2 涂刷前应将涂刷面上的尘土、杂物、残留的灰浆硬块及有凸出的部分处理、清扫干净。

7.0.3 涂刷不得在淋雨的条件下施工,施工的环境温度不应低于5℃,操作时严禁烟火。

7.0.4 熬制沥青应先将沥青破成碎块,放入沥青锅中均匀加热,加热过程中随时搅拌,融化后用漏勺及时捞清杂物,直至脱水无泡沫。

7.0.5 配制过程中附近不得有易燃物,不得吸烟与有明火,保证通风。

7.0.6 涂刷前,再次检查基层表面,应干燥、平整,然后将基层大面积涂刷一遍。待第一遍沥青干燥后,再涂刷第二遍。待第二遍沥青干燥后,再涂刷第三遍。涂刷过程中应保证均匀无露底,每遍涂刷厚度保证在1.5mm左右。

7.0.7 涂刷沥青应注意避免出现下列质量问题:

1 空鼓:气孔、气泡;基层处理不洁净,涂刷前应仔细清理基层,不得有浮砂和灰尘,基层上更不应有孔隙,涂膜各层出现的气孔应按工艺要求处理,防止涂膜破坏造成渗漏。

2 起鼓:基层起皮、起砂、开裂、不干燥,使涂膜黏结不良。

3 破损:涂刷防腐沥青分层施工过程中或全部涂刷施工完,未等沥青干燥就进行人工操作活动,或放置工具材料时,将涂层碰坏、划伤。施工中应保护涂层的完整。

7.0.8 涵内、台背回填必须按照现行《公路路基施工技术规范》(JTG/T 3610)的相关规定进行填筑。台背回填料采用透水性材料或设计规定的填料;分层填筑压实,压实度必须符合设计要求;每层表面平整,路拱合适;台背回填的长度应大于设计规定。

8　安全措施

8.0.1　工地内设置消防、照明等安全设施，并设标志。

8.0.2　工地内的变配电装置应有完善的保护装置，用电必须严格遵守有关规范的规定。

8.0.3　基坑开挖应提前做好地面防、排水设施。基坑开挖时，不得采用局部开挖深坑及从底层向四周掏土。基坑顶有动载时，坑口边缘与动载间必须设置不小于1.5m的安全距离。

8.0.4　在土石松动地层或在粉、细砂层中开挖基坑时，必须进行支护，做好安全防护。

8.0.5　基坑开挖时，应观测坡面稳定情况。当发现坑沿顶面出现裂缝、坑壁松塌或遇涌水、涌砂时，应立即停止施工，加固处理后，方可继续施工。

8.0.6　机具升吊模板，吊点位置必须正确，调整位置时，不得徒手操作；大型拼装式模板安装就位后应及时支撑固定，保持模板整体稳定；模板装拆必须有专人指挥。

8.0.7　熬制、涂刷沥青工作人员必须穿戴专业防护服、防护面具、手套等，防止烫伤。

8.0.8　熬制沥青应采用专用沥青锅。当沥青表面停止起泡，温度达到175℃时，应停止加热升温，只能以微火保温待用。

8.0.9　涂抹(刷)沥青时，结构物混凝土的表面不得有水，涂抹(刷)层应干燥、清洁。

9　环保措施

9.0.1　施工过程中，禁止侵占非施工用地，保护公路用地范围之外的绿色植被。

9.0.2　施工及生活污水或废水，经检验符合现行《污水综合排放标准》(GB 8978)的规定后方可排放，保证排水不增加河流或水域中的悬浮物或造成河道冲刷、水质污染。

9.0.3　施工期间和完工之后，对建筑场地、砂石料场地及时进行处理，以减少对河道和溪流的侵蚀。

9.0.4　施工期间，施工物料(如水泥、油料、化学品)堆放应严格管理，防止物料随雨水径流排入地表及对相应的水域造成污染。

9.0.5　在施工期间，对施工通道、施工场地进行洒水处理，使尘土飞扬降到最低程度。

9.0.6　运料车应予以覆盖或适当洒水喷湿，在运输过程中防止泄漏。

9.0.7　在居民区施工，选择低噪声、低污染的机械设备，或设置隔音设施，以减少噪声污染。

10　效益分析

通过使用抗硫酸盐水泥，对埋入地下的结构物混凝土表面涂刷沥青，周围包裹油毛毡，换填透水性强的非盐渍土，控制台背回填的质量等，大大提高了混凝土的抗盐分侵蚀能力，混凝土的耐久性显著提高,明显增加了结构物的使用寿命,具有较高的社会经济价值。

11 应用实例

青海省共和至茶卡高速公路 D 标段在 2010 年的桥涵施工中使用了混凝土结构物防侵蚀施工工法,在 2016 年该项目竣工检测中,对部分结构物基础进行了检查,几乎看不到混凝土表面有脱落、松散的现象,与未使用该工法的结构物相比,混凝土的抗盐分侵蚀能力明显提高,使用寿命也将大大增加。

结构物台背回填机械液压夯实施工工法

青海省交控建设工程集团有限公司企业工法

结构物台背回填机械液压夯实施工工法

（编号：QHJGGF-03—2020）

主编单位：青海省湟源公路工程建设有限公司
批准单位：青海省交控建设工程集团有限公司

编制单位及编写人员

主 编 单 位：

青海省湟源公路工程建设有限公司

参 编 单 位：

青海省果洛公路工程建设有限公司

青海省海西公路桥梁工程有限公司

主要参编人员：

谷勇海　王　釭　叶　伟　朱　杰

马东权

目　　次

1 前言

近年来,随着国民经济的快速发展,我国的公路建设也在蓬勃发展。在公路运营期间,由于车辆的载重大、行驶的速度快,会有许多工程问题暴露出来,尤其是公路桥头跳车,它是公路沥青路面常见的病害之一,且路桥过渡段是病害多发地段,直接表现为路面、桥面衔接错台而形成的桥头跳车,不仅直接影响行车舒适性和安全性,还会在经济上造成很大损失。目前,随着公路建设投资力度逐年不断加大,新建公路行车安全性和舒适性得到了广大驾乘人员的高度关注。桥涵台背的回填质量将直接影响路面行车舒适性和后续的路面管养。桥梁及涵洞与台背回填段是一种柔性路段与刚性路段的衔接,回填料由于自然沉降导致桥头跳车的产生,给行车舒适性及安全性带来了极大的隐患。

桥梁及涵洞的台背回填作为路基施工的一个质量控制难点,一直以来都是项目建设的重点关注工序,在工程施工中必须高度重视桥涵构筑物的台背回填质量,以减少路基与桥涵结构物之间产生的不均匀沉降,避免路面层断裂、跳车等通病,提高行车的舒适感,延长道路的使用寿命。在桥台、涵背两侧压实和公路路基的补强作业中,采用高速液压夯实机夯实技术是一种良好的手段。

2 工法特点

本工法利用液压提升系统将重 2.5t 的夯锤提升至一定高度后释放,在重力和液压蓄能器的共同作用下依靠下落能对土壤进行压实,并在液压缸的作用下实现快速的上下往复动作,在装载机装置的牵引下,机动灵活地对不同位置进行准确、快速的压实,从而满足对冲压作业面进行单点或连续压实的要求。研究证明高速液压夯实机夯实深度为 2 ~ 3m,影响作用深度可达 5 ~ 8m。高速液压夯实机为强制落锤式冲击夯,其夯实强度接近强夯,产生的夯击势能为 36kJ,最大夯击势能频率可达 15 次/min,夯击能量根据需要有低、中、强三挡可调(以下简称 1、2、3 挡)。击实频率也可以根据不同的工况设为自动与手动两种不同的操作模式,能够满足不同工况的要求。

高速液压夯实机(图 2-1)与一般强夯技术相比具有以下特点:夯击的冲击力峰值较小,作用柔和,不会损坏桥台结构,还能够做到防止路基土飞溅。

a)

b)

图 2-1 高速液压夯实机

高速液压夯实机与压路机碾压技术相比具有以下特点：对夯实地基具有均匀且较强的夯实效果和较大的夯实能量，不会导致路基土体的表面硬化和结块，作用影响深度较大，能在较大的深度范围内获得较均匀的密实度，可以有效地解决桥头台背回填的问题。此外还可以用于小型构造物台背、支挡结构物台背、半挖半填等局部路段的狭小面积的夯实作业。

3 适用范围

本工法适用于桥梁及涵洞的台背回填、狭小面积或特殊作业面的夯实，也可用于路肩、边坡、高填方路段等的压实补强。

4 工艺原理

用液压缸将夯锤提升到一定高度后快速释放，夯锤在重力和液压蓄能器的共同作用下，加速下落冲击带缓冲垫的夯板，通过夯板间接夯击地面，达到夯实效果。高速液压夯实机作业原理如图 4-1 所示。由于夯锤对地面的作用是通过缓冲垫实施的，加之液压加力装置的持续作用，与传统的夯实技术（强夯等）相比，其作用力的峰值小，作用时间长，具有作用柔和、不易剪切填层流线的特点，与传统的表层碾压技术（压路机）相比，贯穿能力强而均匀，在基础处理中不易形成表层硬结，可在较大的范围内获得均匀的密实度。

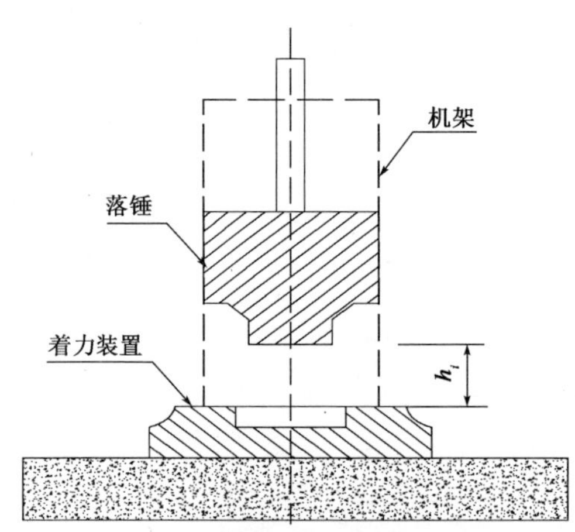

图 4-1　高速液压夯实机作业原理图

注：h_i 为不同落锤高度。

5 施工工艺流程及操作要点

5.1 施工工艺流程

高速液压夯实机压实施工工艺流程如图 5-1 所示。

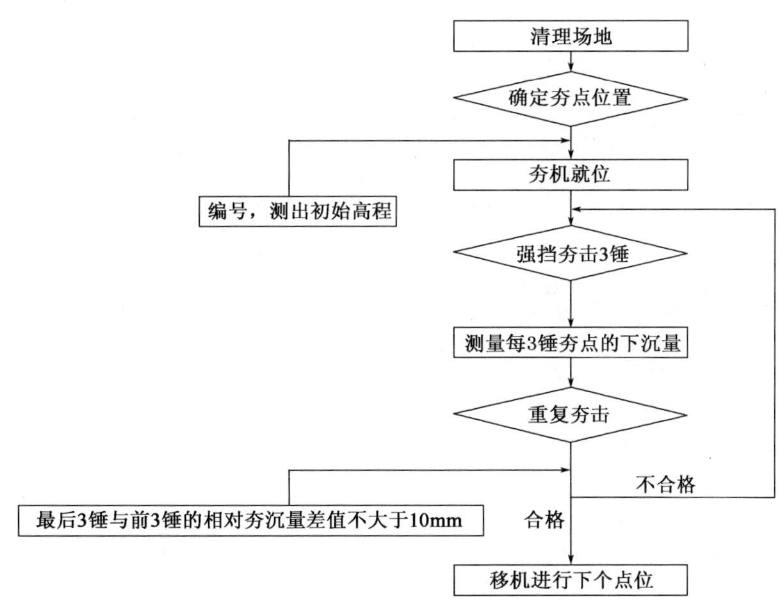

图 5-1　高速液压夯实机压实施工工艺流程图

5.1.1　场地平整。路基在夯击前必须按设计要求的压实标准、平整度等进行检验，检验合格后，方可进行高速液压夯实点的布设。

5.1.2　夯实点布设。测量人员在经检验合格的路基段放出夯点，用白灰标识并编号，按照编号测出每一点的初始高程。

5.1.3　液压夯实机按测量放样的位置就位，使夯锤对准点位。

5.1.4　夯实机根据其夯实能分为强、中、弱三挡，将夯机调至强挡夯击 3 锤，测量夯点的下沉量并记录，以强挡每 3 锤为一组累加并记录每 3 锤的沉降量。

5.1.5　重复第 5.1.4 条项目，直至高速液压夯实机完成第 6、9、12、15 锤的夯实，累加并记录每 3 锤的沉降量。

5.1.6　单个夯点满足夯击标准要求后，移机至下一点位，采用扇形作业方法，每次作业左、中、右 3 点，再进行下一排 3 点施工。

5.1.7　高速液压夯实机作业点夯锤外缘距桥、涵结构物的最小距离不小于 50cm。横向结构物顶部填土厚度不小于 2.0m 时方可进行夯实作业。

5.1.8　经检验符合设计要求后，平整场地，进入下一道工序。

5.2　作业点布置

5.2.1　接触型：每个夯点边缘接触，呈接触型等边三角形紧密布点，适用于狭小面积或补强质量有较高要求的路段。底座边缘接触型作业方法如图 5-2 所示。

5.2.2　间隙型：每个夯点边缘间隔一段距离，呈等边三角形布点，间隔距离一般以 1 倍的夯锤底面半径为宜，视现场情况和强度要求而定。采用间隙型梅花布点，第一排中心与结构物距离为 100cm（即锤边缘与结构物的安全距离为 50cm）。底座边缘间隙型作业方法如图 5-3 所示。

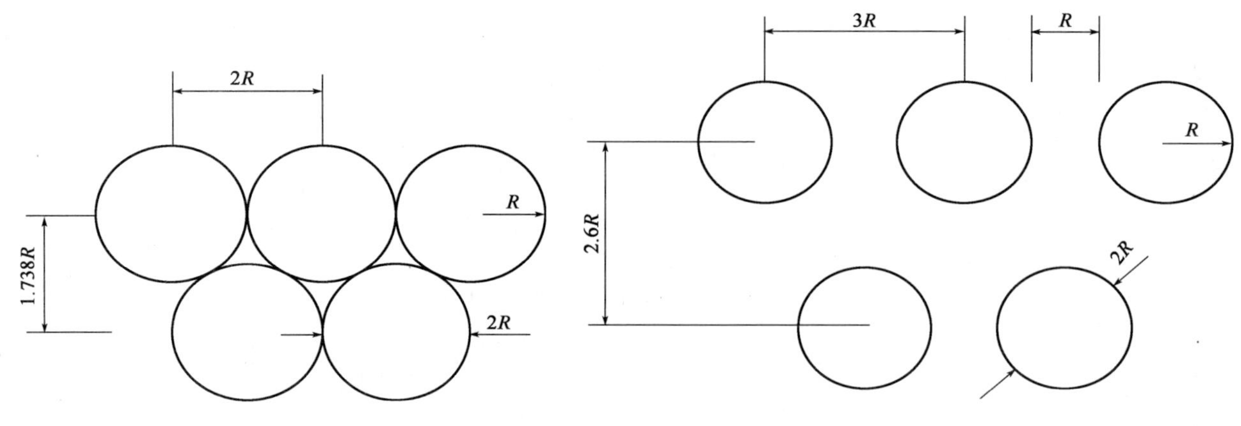

图5-2　底座边缘接触型作业方法

图5-3　底座边缘间隙型作业方法

5.3　作业方式

作业方式分为直线法和扇面法。直线法就是每次作业单点，前进或后退作业下一点，适用于间隙型作业点布置；扇面法就是每次作业左、中、右3点，后退进行下一排3点作业，适用于接触型作业点布置。

5.4　作业锤数

进行每次累加3锤的夯实作业，以最后3锤作业的相对沉降量不大于1cm作为确定最大锤数的依据。在靠近结构物的第1排采用1挡、2挡、3挡9锤施工。分别进行1～3挡3锤、6锤、9锤、12锤和15锤对结构物的安全性影响评价。为了避免结构物破坏，布点距离首先定为150cm，在确保安全情况下递减50cm(即100cm)，以此类推，再分别验证3挡6锤、9锤和12锤的表面压实度和沉降量，从而确定锤击数。

5.5　填筑层数

采用灌砂法对夯实层进行压实度检测，每个测点进行两组平行试验。观测每个夯点与测点的相对高程，以检测路基沉降。当每测回相对误差小于5%时，取平均值作为沉降观测值。验证高速液压夯实机对台背采用现有填料的作用深度和范围，从而确定分层厚度，以取得较好的压实效果。

6　材料与设备

人员配置见表6-1，机械设备配置见表6-2。

人员配置表　　表6-1

序号	工种	数量	职责
1	技术员	1	全程监控施工过程，观察夯实过程中产生的压力对结构物及其附属结构的扰动
2	测量员	1	观测沉降量并对结构物位移进行监控
3	杂工	2	台背补强区域修筑围堰，台背衔接处及其死角部位整平，并采用小型人工夯机夯实

机械设备配置表 表 6-2

序　号	设备名称	型　号	单　位	数　量
1	高速液压夯实机	THC36	台	1
2	洒水车	16t	台	1
3	平地机	PY180	台	1
4	压路机	22t	台	1
5	小型夯机	HCI90	台	1
6	测量仪器		套	1
7	土工试验仪器		套	1
8	平板荷载试验仪	K-30	套	1
9	动态变形模量测试仪	LFG-K	套	1

7 质量控制

强挡夯实不少于9锤,最后3锤累计夯沉量不大于10mm。最后3锤与前3锤的相对夯沉量差值不大于10mm,且强挡夯实不少于9锤为准(按目前采用的高速液压夯实机试验标准,强挡夯击能为36kJ)。

对于每个高速液压夯实机压实夯点,当检测结果达不到设计要求时,应采取补夯措施,直至达到设计要求为止。

8 安全措施

8.0.1 严格遵守国家及行业相关安全规范、规程和施工现场制定的相关安全操作要领,定期检查各类机械设备及各部件的运转情况,定期加注润滑油等,交接班时做好设备使用状态的记录。

8.0.2 操作人员必须持证上岗,严禁非专业司机作业。在工作中不得擅离岗位,不得操作与操作证不相符合的机械。严禁将机械设备交给无本机种操作证的人员操作,严禁酒后操作。

8.0.3 操作人员必须按照本机说明书规定,严格执行工作前的检查制度和工作中注意观察及工作后的检查保养制度。

8.0.4 施工时,必须先对现场地下障碍物进行标识,并派专人负责指挥机械的施工,确保地下障碍物和机械设备的安全。

8.0.5 作业之前,作业司机和现场技术员必须对技术负责人交底的内容进行全面学习和了解,不明白或不清楚时应及时询问。其中作业司机和技术员必须明记作业场所地下、地上和空中障碍物的类型、位置等情况,施工必须听从技术员的指挥,严禁无指挥作业。

8.0.6 作业期间严禁非施工人员进入施工区域,施工人员进入施工现场严禁追逐打闹。人、机配合施工时,人员严禁站在机械行进的工作面上。

9 环保措施

9.0.1 在邻近居民居住区施工时,夜间应暂停施工,以防机械噪声和冲击振动影响居民休息。不得不施工时,要事先征得居民同意。

9.0.2 现场所用各类材料均应分类堆放整齐,并加盖篷布,以免被风吹动产生扬尘,造成小范围环境污染。

9.0.3 施工前应调查清楚地下管线(如水、电、燃气管线等),以防施工时被冲断、冲坏,影响水、电、暖气、燃气的正常使用,避免由此造成的污染及经济损失。

10 效益分析

与传统压实方式[图10-1a)、b)]相比,高速液压夯实机[图10-1c)]机体小,由装载机带动,机动灵活,作业速度快;有效降低了物质消耗,缩短了工艺流程,提高了劳动生产率;有利于保证和提高台背回填质量;提高了自动化程度,有益于人身安全,减轻了工人的劳动强度,减少了污染;有利于缩小与国外先进压实方式的差距。

a)一般强夯压实

b)压路机压实

c)高速液压夯实机压实

图10-1 几种压实方式

11 应用实例

为避免桥台、涵背和填挖交界处的质量缺陷,减小或消除运营期间常见的跳车、路基不均匀沉降等通病,决定在川口至大河家公路3标K9+000段使用高速液压夯实技术对涵背回填料进行夯实补强。为验证高速液压夯实机在本路段的应用效果,通过现场试验达到在确保结构物安全条件下取得令人满意的施工工艺的目的,以指导实际应用及现场施工。

为对夯实作业效果和施工作业参数进行验证,选取的试验结构物台背已完成常规压实施工并准备交验,填料为砂砾料,最大干密度为2.37g/cm^3,最佳含水率为4.2%。夯锤作用位置按照夯击能量由小到大设计,并兼顾夯击能量对台背回填处的竖向影响深度和水平影响范围,其试验工况如图 11-1 和表 11-1所示。试验现场如图 11-2 所示。为了便于压实效果对比,试验开始前选取 3 点检测了初始压实度,试验结果见表 11-2。

3-3	2-3	1-3
3-2	2-2	1-2
3-1	2-1	1-1

结构物背墙位置

图 11-1　涵台夯击试验平面布置图

图 11-2　涵台夯击试验现场

夯锤作用位置与试验工况对照表　　表 11-1

作用位置	夯锤工况	作用位置	夯锤工况	作用位置	夯锤工况
1-1	1 挡 6 锤	1-2	1 挡 9 锤	1-3	1 挡 12 锤
2-3	2 挡 6 锤	2-2	2 挡 9 锤	2-1	2 挡 12 锤
3-3	3 挡 6 锤	3-2	3 挡 9 锤	3-1	3 挡 12 锤

涵台地表压实度试验结果　　表 11-2

初始压实度(%)	96.8	97.0	97.8
作用位置	1-1	1-2	1-3
挡/锤数	1/6	1/9	1/12
实测压实度(%)	97.0	96.9	97.2
作用位置	2-1	2-2	2-3
挡/锤数	2/6	2/9	2/12
实测压实度(%)	97.0	97.9	96.3
作用位置	3-1	3-2	3-3
挡/锤数	3/6	3/9	3/12
实测压实度(%)	98.2	98.6	99.0

表 11-3 给出了涵台夯击试验的沉降量试验结果。由相应试验结果可以看出,就夯击作业对涵洞侧背填筑沉降量而言,1 ~3 挡夯击作业效果均有不同程度的影响,2 ~3 挡作业的影响效果最大,其中 3 挡 9 锤的沉降量为 6.9cm,3 挡 12 锤的沉降量为 16.2cm。由表 11-2 可以看出,1 ~3 挡夯击作业后台背回填压实度均有不同程度的提高,其中 3 挡的效果最明显,其表面压实度均达 98% 以上,而 3 挡 9 锤夯击作业后压实度即达 98.6% ,3 挡 12 锤的压实度提高幅度不大,其数值为 99.0% 。综合分析后可以认为采用 3 挡 9 锤的应用效果最佳且比较经济。

涵台夯击试验沉降量实测结果　　表 11-3

挡/锤数	1/6	1/9	1/12
沉降量(mm)	-21	-45	-80
挡/锤数	2/6	2/9	2/12
沉降量(mm)	-32	-49	-102

续上表

挡/锤数	3/6	3/9	3/12
沉降量(mm)	-51	-69	-162

从结构物的安全影响评价来看,在夯实机最大挡位的作用下,台身处于最大不利荷载工况的受弯承载力远大于荷载效应。在整个试验过程中,采用刻度放大镜在涵台侧墙内表面进行了裂缝跟踪观测。经过观察分析可以认为,在夯锤和构造物的安全距离不小于0.5m范围内,当涵台填土沉降量最大至6.9cm(3挡9锤)、16.2cm(3挡12锤)和压实度显著提高时,夯锤作业对涵台的影响作用不大,涵台结构的安全性能够得到保证。综合考虑夯击作业的各个试验成果,实际夯击施工时按照统一选取3挡9锤进行台背料夯击,从实际施工角度而言是较为合理的,该施工参数对于改善台背填料表面沉降和压实度均最为有效和经济。

12 结语

12.0.1 通过在涵洞工程的台背回填进行液压高速夯实机压实工艺性试验,更深入地了解了液压高速夯实机压实施工工艺流程、作业方法及需要注意的问题,检验了施工工艺的可行性、施工准备的可靠性、施工组织的合理性,为工程技术人员提供了有价值的技术参数及各项技术指标,也为今后液压高速夯实机压实的大规模施工积累了经验。

12.0.2 高速液压夯实机的作用深度在2~3m之间,因此工程应用中以2~3m为补强压实的填土界限高度,严格控制超厚填筑。

12.0.3 由试验结果可知,夯锤距离涵台0.5m处时,最大挡位在经9~12次锤击后,涵台表面混凝土应变较小,可以认为夯击作业时对涵台的影响小,在涵台填土沉降量最大和压实度显著提高的情况下,由台背填料和夯实机共同作用产生的侧向土压力对涵台的影响均较小。

12.0.4 为保证施工时夯击不损伤涵台混凝土结构,夯锤与涵台表面的最小安全距离应保持不小于0.5m,确保结构物安全。

12.0.5 在夯实机最大挡位和9~12锤连续夯击作用下,涵台侧墙控制断面在最不利荷载工况下的正截面和斜截面受弯承载力远大于其荷载效应,这表明施工作业时结构物的安全性是有足够保证的。

沉降观测如图12-1所示,台背夯实如图12-2所示。

图12-1 沉降观测

图12-2 台背夯实

级配砂砾底基层机械拌和摊铺施工工法

青海省交控建设工程集团有限公司企业工法

级配砂砾底基层机械拌和摊铺施工工法

(编号:QHJGGF-04—2020)

主编单位:青海省海东公路工程建设有限公司
批准单位:青海省交控建设工程集团有限公司

编制单位及编写人员

主 编 单 位：

青海省海东公路工程建设有限公司

参 编 单 位：

青海省兴利公路桥梁工程有限公司

青海省果洛公路工程建设有限公司

主要参编人员：

仁青才让　董彬林　谢忠安　文培东

赵有南　　闫人伟

目　次

1 前言

路面结构层中，级配砂砾底基层介于土基与基层之间，是路面结构的重要组成部分，它的主要功能有：改善土基的湿度和温度状况，以保证面层和基层的强度、刚度和稳定性不受土基水温变化的不良影响；将基层传下的车辆荷载应力加以扩散，以减小土基产生的应力和变形；阻止路基土挤入基层中，影响基层结构的性能；砂砾底基层也可作为路面的一个找平层，为基层、面层的施工奠定良好的基础，从而提高路面的平整度。底基层只有采用级配良好的砂砾，在充分压实的条件下，才能够符合现行规范对级配砂砾底基层的要求，发挥其功能作用。

目前，路面底基层施工大多采用现场路拌、平地机摊铺整平的方法，虽然此方法施工比较简单，施工成本相对较低，但是也存在许多不足，例如在拌和中离析现象比较严重，混合料匀质性差，含水率不均匀，致使混合料不易压实、平整度差等。在级配砂砾底基层施工中采用集中厂拌、摊铺机铺筑的施工方法有效地弥补了以上不足，取得了良好的效果。

2 工法特点

级配砂砾底基层施工方法的原材料控制和施工工艺流程比传统的施工方法复杂，施工成本也相对较高，但能大幅度提高级配砂砾底基层的施工质量。采用拌和站集中拌和，可以使混合料匀质性好，含水率均匀且易控制最佳含水率；利用摊铺机进行铺筑可以减少离析，大面平整度容易控制，施工效率可提高 30% ~50% 。

3 适用范围

本工法适用于路面工程中级配砂砾底基层的施工。

4 工艺原理

通过稳定土拌和站“深加工”，拌和设备的称重计算机计量系统能严格控制底基层砂砾料的级配及含水率等指标，通过摊铺机的自动找平系统提高底基层施工的机械化水平和底基层的整体施工质量。

5 施工工艺流程及操作要点

5.1 施工工艺流程

级配砂砾底基层施工工艺流程如图 5-1 所示。

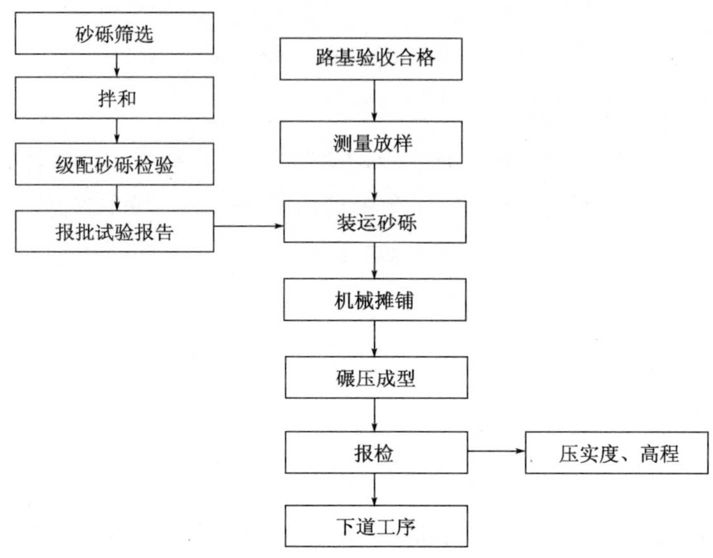

图 5-1 级配砂砾底基屋施工工艺流程图

5.2 施工准备

5.2.1 一般规定

1 开工前,对施工人员进行技术交底。

2 机械设备、试验检测设备进场后,进行全面检查、调试、校核、维修和保养。

5.2.2 施工组织

1 建立严密的施工管理体系和质量保证体系,组建工地试验室、安全生产调度指挥中心,制定相关规章制度等。

2 根据设计文件、合同任务及实际条件,编制周密的施工组织计划,包括制订施工方案、工艺流程、进度计划、机械劳力配置及材料供应方案等。

3 对所有施工人员进行集中培训、组织分工、定人定岗,建立岗位责任制,并进行详细的技术交底。未经培训的人员不得上岗。

4 人员配备应满足表 5-1 的要求。

人员配备表 表5-1

人员类别	人数	职责或作业要求
现场施工总负责人	1	全面组织、管理、指挥作业面施工
现场技术负责人	1	具体负责现场施工技术,及时处理各种技术、质量问题
质检工程师	1	负责现场质量自检、试验检测及申报各种质量自检资料
测量工程师	1	现场施工放样,进行几何尺寸自检并申报相关资料
机械工程师	1	现场机械调度
试验人员	2	前场压实度、含水率等试验检测,后场各项指标测定
辅助人员	10	交通管制人员2名,摊铺辅助人员6名,碾压辅助人员2名
合计	17	

5.3 拌和

5.3.1 拌和机的产量宜大于400t/h,拌和能力与摊铺能力应相匹配。

5.3.2 拌和机应设有至少5个容料斗,料斗口安装钢筋网筛,筛除超出粒径规格的集料及杂物。

5.3.3 拌和机计量控制系统必须通过计量部门标定。在铺筑前,对拌和楼进行一次试拌,以验证拌和楼计量系统的精确性和混合料的级配稳定性。

5.3.4 拌和机操作人员应根据试验室下发的施工配合比通知单,将各种材料的配合比输入拌和楼的控制计算机。

5.3.5 拌和时的外加水与集料天然含水率之和比最佳含水率略高。施工期间,根据温度、湿度情况,比最佳含水率高出1%~2%,以弥补混合料在延迟时间内的水分损失,确保碾压时混合料的含水率在最佳含水率±1%之间。

5.3.6 开机后,对混合料进行取样,检测含水率、混合料级配。

5.3.7 拌和过程中对混合料外观进行目测,发现问题时及时进行调整,确保满足施工质量需求。

5.3.8 拌和机配备带活门漏斗的料仓,由漏斗出料直接装车运输,装车时车辆应前、后、中移动,分3~6次装料,避免混合料离析,设电铃及专人指挥装车。

5.4 运输

5.4.1 为保证摊铺作业的连续性,摊铺机前始终保持4台车等待卸料,拌和机前至少有5台车等待装料,铺筑路段按照1km分布1台车计算,每个作业面配置运输车的数量为$9+N$(N为铺筑现场与拌和站的运输距离)。

5.4.2 每天开工前,要检查运输车辆的技术状况。

5.4.3 装料前应将车厢清理干净。

5.4.4 严禁超载运输。

5.5 摊铺

5.5.1 摊铺前提前进行测量放样,按照摊铺机宽度与传感器间距,直线段上间隔10m、曲线上间隔5m做出标记,打好导向控制线支架,挂好导向控制线(控制高程)。控制线宜采用钢丝,其拉力应不小于

800N,每段钢丝长度不宜大于150m。

5.5.2 采用2台摊铺机梯队作业,外侧摊铺机在前,内侧摊铺机在后,一前一后保证速度、摊铺厚度、松铺系数、路拱坡度、摊铺平整度、振动频率等一致,摊铺接缝平整。

5.5.3 摊铺机以匀速、不停歇为宜,摊铺速度宜控制在1.5~2.0m/min之间。

5.5.4 螺旋布料器必须匀速、不间歇地旋转送料,且全部埋入混合料中。

5.5.5 螺旋布料器转速应与摊铺速度相适应,保证两边缘料位充足。

5.5.6 摊铺过程中,摊铺机开启振动器和夯锤。振动器振动频率不得低于30Hz(4级),夯锤冲击频率不得低于20Hz(冲程不低于6mm),以保证初始压实度和减少含水率损失。

5.5.7 施工现场具体摊铺速度随时与拌和、运输能力进行协调,摊铺现场和拌和站之间建立快捷有效的通信联络,及时进行调度和指挥。

5.5.8 施工过程中,现场检测人员随时进行平整度的检查,平整度不满足的部位,用人工予以铲除,然后用新料填补;在摊铺机后面设专人处理集料离析现象,对局部粗集料"窝"进行全部铲除,并用新料进行填补。

5.6 碾压

5.6.1 摊铺后,在混合料处于最佳含水率时,立即在全宽范围内进行碾压,压路机碾压长度为30~50m,各碾压段落设置明显的分界标志,设专门碾压负责人。

5.6.2 碾压遵循由低到高、先慢后快的原则。直线段碾压时,由外侧沿铺筑方向进行;平曲线有超高路段,由低侧向高侧、自内向外碾压。碾压时后轮重叠1/2轮宽,碾压组合方式和遍数遵循先稳压、后轻压、再重压的原则。建议采用的压实组合方式见表5-2。

建议采用的压实组合方式 表5-2

压实阶段	压路机类型	碾压遍数	速度(km/h)
初压	26t振动压路机(2台)	静压1遍	1.6
复压	26t振动压路机(2台)	振动碾压4遍	2
终压	30t轮胎压路机(1台)	全幅碾压2遍	2

5.6.3 碾压中的注意事项:

1 压路机起动、停止时减速缓行,稳压要充分,振动不起浪、不推移,出现个别拥包时,专配工人进行铲平处理。压路机倒车、换挡轻且平顺,在第一遍初步稳压后,倒车时尽量按原路返回;压路机操作手在停车之前必须先停振,每个碾压段落的终点呈斜线错开状,检查平整度时压路机宜停在已压好的段落上;换挡位置应位于已压好的段落上;压路机禁止急停、急转弯。

2 严格控制碾压含水率,在最佳含水率±1%时及时碾压。碾压过程中始终保持表面湿润,若因高温、大风等天气使水分蒸发过快,应及时喷洒少量水,洒水时向上喷洒,使水呈雾状自由落到底基层表面。

3 在碾压过程中对高程、平整度及时进行跟踪检测,平整度采用3m直尺跟进检查,对平整度大于8mm的部分及时进行修整。

4 碾压完成后组织试验人员采用灌砂法进行压实度检测,不满足压实要求的及时报告给碾压负责人,重复碾压直至达到要求的压实度。

6　材料与设备

6.0.1　原材料控制

底基层用级配砂砾按现行《公路工程集料试验规程》(JTG E42)标准方法进行试验,砂砾压碎值不大于30%,最大粒径不大于37.5mm,含泥量不超过5%。砂砾按规定进行检验,经试验合格报监理工程师批准后使用。级配碎石垫层级配范围见表6-1。

级配碎石垫层级配范围　　表6-1

层　位	通过以下方孔筛(mm)的质量百分率(%)								
	37.5	31.5	26.5	16	9.5	4.75	1.18	0.6	0.075
底基层	100	85~100	65~85	42~67	20~40	10~27	8~20	5~18	0~10

6.0.2　主要机械设备

主要机械设备见表6-2。

主要机械设备一览表　　表6-2

机械名称	单　位	数　量	规格型号	技术状况
水稳拌和站	套	2	WCB600	良好
摊铺机	台	2	徐工 RP953E	良好
自卸汽车	辆	15		良好
单钢轮压路机	台	2	XS262J	良好
轮胎压路机	台	1	XP302	良好
装载机	台	2	ZL50	良好
洒水车	台	2	$15m^3$	良好
小型蛙式强夯机	台	2		良好

6.0.3　测量、质检设备

测量、质检设备见表6-3。

测量、质检设备一览表　　表6-3

序　号	仪器、设备名称	数　量
1	3m直尺平整度仪	1把
2	钢尺	2把
3	自动安平水准仪	2台
4	RTK(实时动态载波相位差分技术)测量设备	1套
5	灌砂筒等压实测定设备	1套

7 质量管理

7.1 一般规定

7.1.1 施工过程中与参与施工的各单位应密切配合，发现问题应立即提出，及时纠正或停工整顿。

7.1.2 施工现场配备满足要求的压实度和平整度检测设备。

7.2 试验段铺筑

7.2.1 正式开工之前，必须进行试验段铺筑工作，试验段长度不小于200m。

7.2.2 通过试验段达到以下目的：通过试拌和试铺全面检验每个施工环节，检验机械系统配套和生产能力、工艺流程、技术操作实地培训、施工组织，掌握所有质量指标检测方法，检验生产调度指挥系统。发现问题及时改进，为正式大面积施工做好充分准备。

7.2.3 通过试验段铺筑，确定松铺系数和碾压组合。

7.3 施工过程质量控制和检查

7.3.1 终压后应立即进行平整度与压实度检查，如不合格及时处理。

7.3.2 施工中应按表7-1和表7-2规定的质量标准和频率进行检查和控制。外观要求：表面平整密实，边线整齐，无松散。

级配砂砾底基层检查项目和频率 表7-1

项次	检查项目		规定值或允许偏差	检查方法和频率
1	压实度(%)	代表值	96	每200m每车道测2次
		极值	92	
2	平整度(mm)		12	3m直尺：每200m测2处×10尺
3	纵断高程(mm)		+5，-15	水准仪：每20延米测1个断面，每个断面测3~5个点
4	宽度(mm)		符合设计要求	尺量：每20延米测1个断面
5	厚度(mm)		-10(代表值)，-25(合格值)	每200m每车道测1点
6	横坡(%)		±0.3	水准仪：每200m测4个断面
7	弯沉值(0.01mm)		符合设计要求	

集料检查项目和频率 表7-2

项次	检查项目	频率
1	级配	拌和时每500m^3测1次
		摊铺时每2000m^2测1次，发现异常，随时检测
2	压碎值	随时检测
3	含水率	据观测，异常时随时检测
4	拌和均匀性	随时观测

8 安全措施

8.0.1 做好各种工程车辆的检修与维护工作,消除事故隐患,不使用带病设备。

8.0.2 做好司机的安全教育工作,落实安全责任制。

8.0.3 做好线路沿线临时便道的交通警示设置,杜绝交通事故。

8.0.4 施工时,指派专人负责对各种机械设备的安全作业范围进行监督、检查,杜绝伤人事故发生。

8.0.5 机械电力设备的布局应合理,并装设安全防护装置,严格遵守安全操作规程。租用设备在施工前必须经过安全资质审查,确认符合施工要求并签订安全协议书,明确安全责任。被租用设备必须建立相应的安全组织,并纳入项目经理部的统一安全管理体系,接受安全管理与监督。

8.0.6 配备专职安全检查员,负责施工期的安全检查,禁止闲杂人员或机械和车辆进入施工现场。严格执行日常和定期安全检查制度,填报各种安全生产统计报表,分析安全动态,提高施工安全管理水平。

9 环保措施

9.0.1 按设计要求,选定取(弃)土场、料场。取土场取土前将表层植被和表土一起剥离30~50cm(视腐殖土具体厚度确定)后妥善保存并养护保证成活,取土坑取土采用缓坡并控制取土深度。恢复取(弃)土场、料场所需要的腐殖土和草皮可利用取料场及路基清表挖除的腐殖土和草皮,不能随意在别处另取腐殖土和草皮,以免造成更大的环境破坏。

9.0.2 料场、取(弃)土场在施工阶段须做到:

1 尽量减少在采料、加工、运输过程中对地表植被、土壤的占压和破坏。

2 取土之后的废料不能随意堆弃,应弃置于取土坑或设定的弃土场中,并整平弃料堆顶面,尽可能恢复原有地貌。

3 对于位于河滩的料场,应在完毕后做好河道的修整,保证河床稳固和水流畅通。

4 取、弃土场用完后尽快做好植被恢复工作。

10 资源节约

级配砂砾底基层摊铺机能严格按照设计结构层宽度进行铺筑施工,避免了平地机整平、人工整修等过程中造成的砂砾料浪费现象,砂砾料实际消耗数量基本与工程数量一致,保证了砂砾料采备数量的可控性。摊铺机铺筑进一步提高了机械施工效率,减少了人力投入,一定程度上节约了人力、物力资源。

11 效益分析

11.0.1 从经济成本方面分析

级配砂砾底基层机械拌和摊铺施工虽然加大了机械设备投入,但减少了人员数量,避免了材料的浪费,施工效率可以提高30% ~50%,与传统工艺方法相比,成本没有增加。

11.0.2 从质量方面分析

级配砂砾底基层的摊铺一般采用平地机。但实践证明摊铺机的摊铺效果明显优于传统工艺,目前限于旧的施工观念、工程的初期投入等因素,使用平地机代替摊铺机摊铺级配砂砾底基层,工程质量很难保证。

级配砂砾底基层施工中,砂砾料离析很容易造成级配砂砾底基层强度不均匀、整体强度差,而且影响整体使用性能,缩短了使用年限。从砂砾材料的加工、堆放、混合料的拌和出料、运输到混合料的摊铺,均可能产生集料离析,因此在施工中选择合理的摊铺设备对消除离析相当重要。摊铺机铺筑时经螺旋布料器摊铺于下承层,相当于对混合料进行二次拌和,有效地消除了各个环节产生的离析,尤其重要的是消除了隐藏离析。经平地机摊铺整平,很多离析被隐藏,使级配砂砾底基层内部质量无法保证。此外,由于平地机不能一次摊铺到位,必须经过来回反复多次才能整平,又产生了新的离析。

少量含水率不均匀的砂砾料经过摊铺机螺旋布料器二次拌和,减弱了混合料不均匀含水率的不均匀程度,经碾压成型后对级配砂砾底基层的强度、压实度等重要指标影响小。平地机铺筑时直接卸于下承层的含水率不均匀的混合料,经平地机整平后,碾压时含水率大的局部地方出现"镜面""弹簧"等现象,个别含水率过大的地方出现"泉眼"现象。此种情况不但压实度、强度不能满足规范要求,而且必须换填新料,不但耗时、费力,而且影响基层的整体质量。

底基层的压实度不但取决于砂砾料种类、含水率、压实机具、压实方法、压实时间、压实厚度、压实遍数、压实速度等,集料级配、摊铺的均匀程度对压实度的影响也十分重要。

底基层的平整度对水稳基层、沥青混凝土面层平整度有重要影响。摊铺机摊铺基层主要通过自动装置来控制施工;而平地机摊铺则主要依赖人工来控制施工,人工的不稳定因素相对较多,要达到满意的平整度相对较难,只有通过严格的对人的培训和监督,才能达到预期的效果。

从上述对摊铺机与平地机摊铺级配砂砾底基层的比较可知,在级配砂砾底基层施工中摊铺机的摊铺效果优于平地机,有效提高了整个路面结构层的强度,延长了路面的使用寿命,减少了后期的维修保养费用。

11.0.3 从安全、环保等社会效益方面分析

本工法较传统工艺提高了机械化程度,同时增加了机械、用电等方面的安全隐患,所以在安全投入方面必须更加重视,方能确保在成本和质量上的优势。

环保方面,提前的分档筛选和拌和,大幅度减少了施工完成后粒径不符的砂砾料的浪费,避免其废弃在路基范围外,影响周边生态环境。

综上所述，本工法加大了机械化和安全方面的投入，成本与传统施工工艺相当，但在质量、环保等方面凸显了自身优势，在路面施工中能取得更好的经济效益和社会效益。

12 应用实例

青海省牙什尕至同仁公路（牙什尕—隆务峡段、隆务峡—同仁段）路面工程 YTLM-2 标段位于青海省化隆县、黄南州尖扎县、同仁县境内，起讫桩号为 K30 +000 ~ K63 +906.773，总长 33.917km。技术标准为双向四车道高速公路标准。主线路面结构采用 4cm AC-13C 细粒式沥青混凝土、5cm AC-16C 中粒式沥青混凝土、6cm AC-20C 中粒式沥青混凝土、0.6cm 沥青下封层、18cm 水泥稳定碎石基层、18cm 水泥稳定砂砾下基层、18cm 级配砂砾底基层。级配砂砾底基层使用本工法施工，共完成 420842m^2。

根据施工情况可以看出：稳定土拌和站生产的砂砾，级配检测合格率 100%，摊铺现场含水率检测与最佳含水率十分吻合，易压实，平整度良好，现场检测的各项指标均为合格。施工工期缩减了 2 个月，施工全过程处于安全、稳定、快速、优质的可控状态，工程质量合格率达 100%，得到了各方的好评。

后张法预应力钢绞线智能张拉施工工法

青海省交控建设工程集团有限公司企业工法

后张法预应力钢绞线智能张拉施工工法

（编号:QHJGGF-05—2020）

主编单位:青海省果洛公路工程建设有限公司
批准单位:青海省交控建设工程集团有限公司

编制单位及编写人员

主 编 单 位：

青海省果洛公路工程建设有限公司

参 编 单 位：

青海省海东公路工程建设有限公司

青海省海西公路桥梁工程有限公司

主要参编人员：

李羊站　马青龙　谢忠安　倪勇军

王明军

目　次

1 前言

目前在桥梁工程施工中预应力技术被广泛应用,其关键工序张拉施工质量的好坏,会直接影响桥梁工程的整体质量和结构的耐久性,传统张拉施工纯靠施工人员凭经验手动操作,误差率很高,无法保证预应力施工质量。不少桥梁因为预应力施工不合格,被迫提前进行加固,严重的甚至发生垮塌,给行车人员的生命、财产安全带来极大的隐患,给社会造成重大经济损失。如何解决预应力施工质量无法保证的难题,成为许多桥梁建设者的共同困扰。随着科技的不断发展和进步,高精度、高稳定性的智能张拉工艺逐渐代替传统的张拉工艺,现已进入智能张拉高精准的时代。

2 工法特点

2.0.1 精确施加应力。

2.0.2 及时校核伸长量,实现伸长量和控制应力的“双控”。

2.0.3 对称同步张拉。

2.0.4 规范张拉过程,减少预应力损失。

2.0.5 自动生成报表,杜绝数据造假。

2.0.6 实施远程监控。

3 适用范围

本工法适用于空心板梁、简支T形梁、简支箱形梁、连续梁、竖向短束、负弯矩束、盖梁的张拉,也可用于边坡锚索、先张法等施工。

4 工艺原理

智能张拉系统由系统主机、油泵、千斤顶和操作端计算机等部分组成(图4-1)。预应力智能张拉系统以应力为控制指标,伸长量误差作为校对指标。系统通过传感技术采集每台张拉设备(千斤顶)的工作压力和钢绞线的伸长量(含回缩量)等数据,并实时将数据传输给系统主机进行分析判断并反馈到计算机端,同时张拉设备(泵站)接收系统指令,实时调整变频电机工作参数,从而实现高精度实时调控油泵电机的转速,实现张拉力及加载速度的实时精确控制。系统还根据预设的程序,由主机配合计算机端发出指令,同步控制每台设备的每一个机械动作,自动完成整个张拉过程。压力传感器在张拉过程中负责采集千斤顶油缸的压力值,通过下位机传给控制主机,主机根据标定参数换算成拉力值。位移传感器在张拉过程中负责采集钢绞线伸长量(含回缩量)值,通过下位机传给控制主机并存入操作计算机。

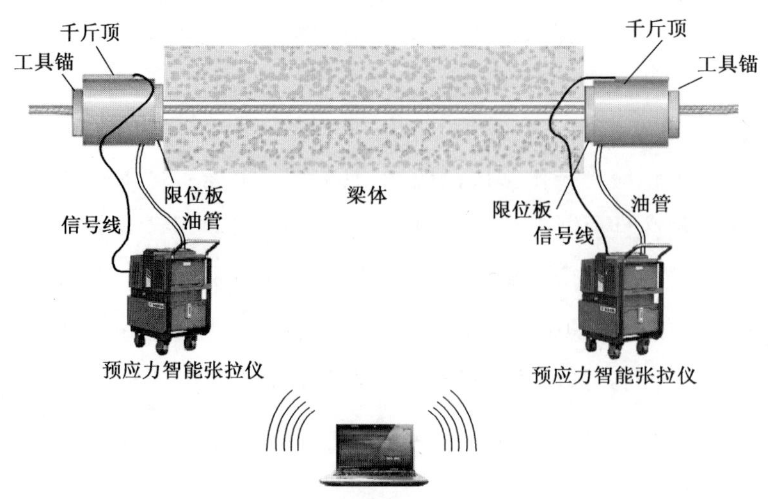

图4-1 预应力智能张拉系统结构示意图

5 施工工艺流程及操作要点

整个智能张拉过程主要包括设备安装、智能张拉。智能张拉施工工艺流程如图5-1所示。

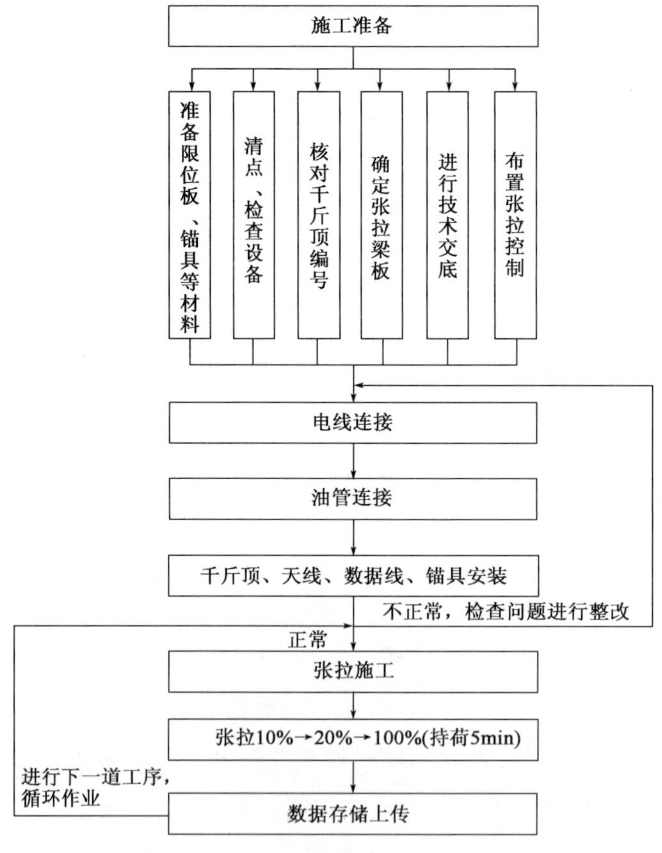

图5-1 智能张拉施工工艺流程图

5.1 张拉设备安装

在张拉作业之前,相关技术人员和监理人员对构件进行检验,其检验结果符合质量标准要求后方可进行张拉。经平台系统监理单位审核批准后,张拉控制系统才能启动。根据此设备的使用说明及要求,现场施工作业人员开始收编、穿索、安装千斤顶(工作锚及夹片)等施工程序,具体安装程序如下:

5.1.1 安装限位板,限位板有止口与锚板定位,工作锚环必须在限位槽内。

5.1.2 安装专用千斤顶,千斤顶止口应对准限位板,保证限位板、千斤顶、工具锚板同轴。

5.1.3 安装工具锚,应与前端张拉端锚具对正,使孔位排列一致,不得使钢绞线在千斤顶的穿心孔发生交叉,以免张拉时出现失锚事故,工具锚夹片均匀涂退锚灵。

5.1.4 连千斤顶油管,接油表,接油泵电源。

5.1.5 开动油泵,将千斤顶活塞来回推出几次,以排出可能残存于千斤顶缸体中的空气。

5.1.6 张拉主机发射无线网络信号,计算机端输入主机网络的指定互联网协议(IP)地址进行连接,确保计算机端和辅机与主机正常连接。

5.2 智能张拉

5.2.1 智能张拉平台系统发出信号,传递给智能张拉仪张拉系统,通过张拉系统控制专用千斤顶按系统预先编制的张拉顺序进行对称、均衡张拉。

5.2.2 油泵供油给千斤顶张拉油缸,按三级加载过程依次上升油压,分级方式为10%(初应力即计算伸长值的起点)、30%、100%,完成张拉后进行正常持荷。

5.2.3 张拉过程中智能张拉平台系统对每一级进行测量和记录,测量每一级张拉后的活塞伸长值的读数,并随时检查伸长值与计算值的偏差。

5.2.4 张拉时,通过智能张拉系统平台和LZ-5901智能张拉系统控制好专用千斤顶的加载速度,确保给油平稳、持荷稳定。

5.2.5 张拉过程中,系统将自动校核测量数据,当实际伸长值与理论伸长值相差大于±6%时系统将自动报警,停止张拉。待查明原因、排除问题后,方可进行下一步的工作。

6 材料与设备

为保证箱梁预制的正常进行,根据预制梁板的结构类型、工程数量和工期需求,对施工机械进行了合理规划,具体安排见表6-1。

机械设备安排表 表6-1

名称	规格型号	数量	单位	性能
智能张拉设备	湖南联智 LZ59S20	2	台	良好
穿心式千斤顶	1500kN	2	台	良好
操作端计算机	联想 ThinkPad XP 系统便携式计算机	1	台	良好
工具锚		4	套	良好

续上表

名　　称	规格型号	数　　量	单　　位	性　　能
工具夹片		8	套	良好
钢绞线	ϕ15.2mm		kg	良好
安全挡板	20mm 厚钢板	4	块	良好

为保证预制梁板的实体质量，对所需的材料建立了严格的采购、检测制度，选择有资质、有实力、信誉良好的供应商采购材料。材料进场前按要求进行抽检，各项指标满足要求后方可投入使用，每批材料进场必须按规定的批次提供合格证、检验报告单，并将检验合格的进场材料及时报监理工程师检验，经监理工程师检验合格同意投入生产使用后方可投入生产使用。

7　质量控制

7.0.1　建设单位、监理单位、施工单位在同一个互联智能张拉平台实时进行交互，及时掌控预制梁场和桥梁预应力施工质量情况，实现“实时跟踪、智能控制、及时纠错”。梁板张拉完后及时将张拉数据上传至建设单位预应力张拉系统网站，上传的预应力张拉数据可登录建设单位智能张拉数据库网站查看。对每片梁的张拉数据，包括时间-位移曲线和时间-压力曲线可进行过程回放和监视，保证了张拉数据的准确性和桥梁的安全性，也实现了对每座桥梁数据的可监控性。

7.0.2　自动记录张拉数据，杜绝了人为造假的可能，可进行真实的质量追溯。

8　安全措施

传统的张拉工艺需一边张拉一边测伸长量，量测人员存在安全隐患，而智能张拉采用操作端计算机进行远程控制张拉，张拉操作人员远离不安全区域，人身安全有保障。

9　环保措施

9.0.1　智能张拉机根据油量表盘适时适量地更换或添加液压油，防止加油过多对场地及附近的环境造成污染。

9.0.2　每日完成作业后将锚具、夹片的包装纸盒、防潮塑料袋、废弃的钢绞线头等集中收集处理，严禁随意丢弃，避免对周边环境造成污染。

10　资源节约

10.0.1　传统的张拉过程需要 6 人同时作业，一端包括 1 名仪器操作人员、1 名量测伸长人员和 1 名辅助人员，而智能张拉只需2人安装完成后其中1人进行远程控制即可，可节约4个人工。

10.0.2 张拉过程严谨，张拉数据准确，断丝现象较少，材料损耗较小，节约了钢绞线材料。

11 效益分析

与传统的张拉设备相比，智能张拉设备在张拉的质量、数据的准确性、操作人员的人身安全等各方面有了新的改进，实现了计算机智能控制，对预应力张拉有了一个更科学、更先进的定义，其优越性具体见表11-1。

传统手工张拉与预应力智能张拉对比一览表　　表11-1

比较内容		传统手工张拉	预应力智能张拉
1	张拉力精度	±15%	±1%
2	自动补张拉	无此功能	张拉力下降1%时，锚固前自动补拉至规定值
3	伸长量测量与校核	人工测量，不准确，不及时，未能及时校核，未实现规范规定的“双控”	自动测量，及时准确，及时校核，与张拉力同步控制，实现真正的“双控”
4	对称同步	人工测量，同步精度低，无法实现多顶对称张拉	同步精度达到±2%，计算机实现
5	加载速度与持荷时间	随意性大，往往过快	按规范要求设定速度加载，按规定要求的时间持荷，排除人为干预
6	卸载锚固	瞬时卸载，回缩时对夹片造成冲击，回缩量大	可缓慢卸载，避免冲击损伤夹片，减少回缩量
7	回缩量测定	无法准确测定锚固回缩量	可准确测定实际回缩量
8	预应力损失	张拉过程应力损失大	由于张拉过程规范，损失少
9	张拉记录	人工记录，可信度低	自动记录，真实再现张拉过程
10	安全保障	边张拉边测量，有人身安全隐患	操作人员远离非安全区域，人身安全有保障
11	质量管理与远程控制	真实质量状况难以掌控，缺乏有效的质量控制手段	便于质量管理、质量追溯，提高管理水平、质量水平，实现质量远程控制
12	经济效益	张拉过程需要6人同时作业	只需2人同时作业，每年节约人工24万元

12 应用实例

青海省花石峡至大武公路扩建工程HD16标段卡羊大桥、加羊大桥、多西玛大桥的梁体结构均为后张法预制箱梁结构，其中卡羊大桥、加羊大桥梁板结构为30m预制箱梁，多西玛大桥为20m预制箱梁。上部结构布置形式：卡羊大桥采用20×30m装配式部分预应力混凝土连续箱梁；加羊大桥采用6×30m

装配式预应力连续箱梁；多西玛大桥采用 10×20m 装配式部分预应力混凝土连续箱梁。设计梁体混凝土强度等级为 C50，预应力采用 $\phi^s15.2$mm 钢绞线，公称截面积为 139mm^2，预应力钢绞线抗拉强度标准值 $f_{pk}=1860$MPa，弹性模量 $E_p=1.95\times105$MPa，单束张拉锚下控制应力为 1395MPa。卡羊大桥共计 30m 预制箱梁 120 片，加羊大桥共计 30m 预制箱梁 36 片，多西玛大桥共计 20m 预制箱梁 60 片。

花石峡至大武公路扩建工程 HD16 标段内所有预制箱梁采用湖南联智智能张拉设备进行张拉施工及施工控制(图 12-1、图 12-2)，标段 216 片预制箱梁张拉数据准确，无一片发生断丝、爆锚等现象，所有张拉数据已上传至花久公路预应力张拉系统数据库(图 12-3)，合格率为 100%。智能张拉设备的应用，杜绝了人工对张拉施工的影响，保证了桥梁预应力的质量，为今后的施工积累了宝贵经验。智能张拉不仅降低了施工中人为因素的影响，减少了张拉施工的误差，节约了投资，而且真正意义上提高了张拉施工质量，保证了桥梁结构的安全性和耐久性，大大降低了桥梁全寿命周期成本。智能张拉系统自动读取梁板参数，智能计算张拉过程的压力值，无线控制油泵的进退油，实时无线采集油压与位移信息，自动生成预应力张拉记录表等。全程无须人工干预，且对错误纠正、数据同步等张拉过程实行控制。操作简单，界面人性化，适应各种施工场地环境，有效提高了施工的精确度。

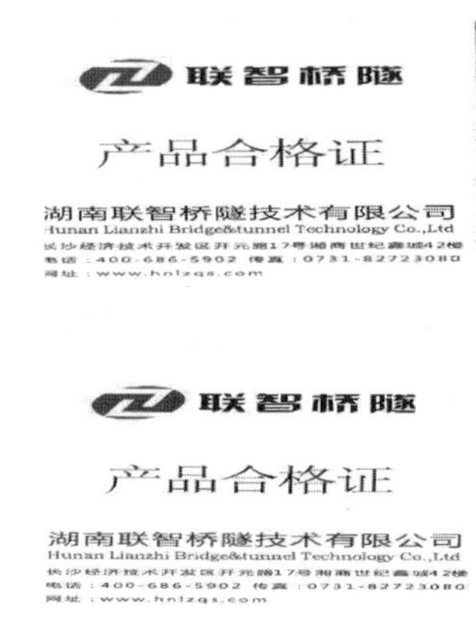
联智桥隧

产品合格证

湖南联智桥隧技术有限公司
Hunan Lianzhi Bridge&tunnel Technology Co.,Ltd
长沙经济技术开发区开元路17号湘商世纪鑫城42楼
电话：400-686-5902 传真：0731-82723080
网址：www.hnlzqs.com

联智桥隧

产品合格证

湖南联智桥隧技术有限公司
Hunan Lianzhi Bridge&tunnel Technology Co.,Ltd
长沙经济技术开发区开元路17号湘商世纪鑫城42楼
电话：400-686-5902 传真：0731-82723080
网址：www.hnlzqs.com

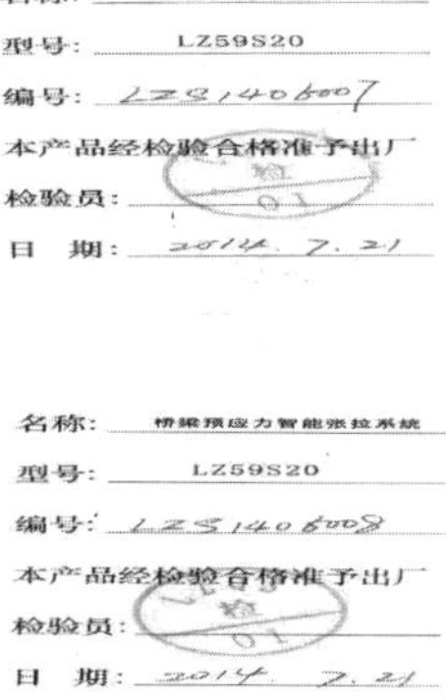
名称：桥梁预应力智能张拉系统
型号：LZ59S20
编号：LZS1406007
本产品经检验合格准予出厂
检验员：
日　期：2014.7.21

名称：桥梁预应力智能张拉系统
型号：LZ59S20
编号：LZS1406008
本产品经检验合格准予出厂
检验员：
日　期：2014.7.21

图 12-1　湖南联智智能张拉设备

a)单端单人完成操作节省人力

b)操作人员离开非安全区进行远程操作

图　12-2

c)远程张拉并采用安全挡板进行防护

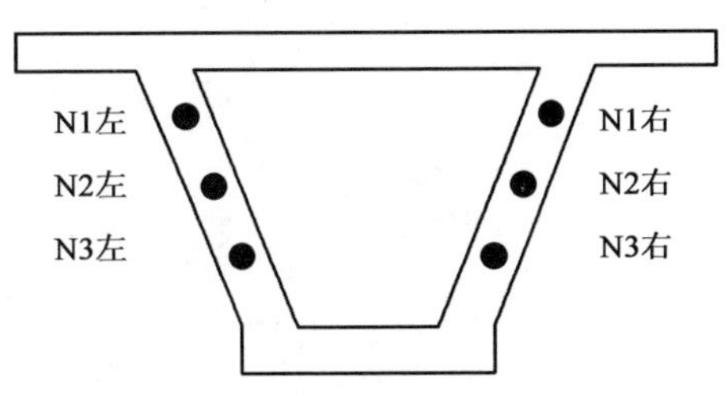

d)30m 预制箱梁 6 孔 6 次按顺序进行对称张拉

e)正在进行计算机端张拉操作

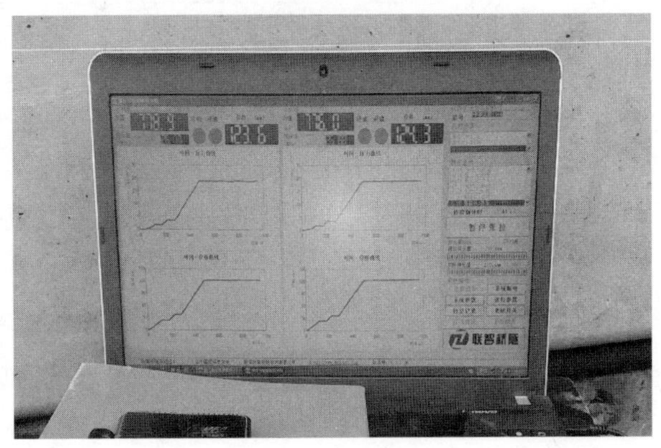

f)控制端计算机进行张拉操作

图 12-2　施工过程

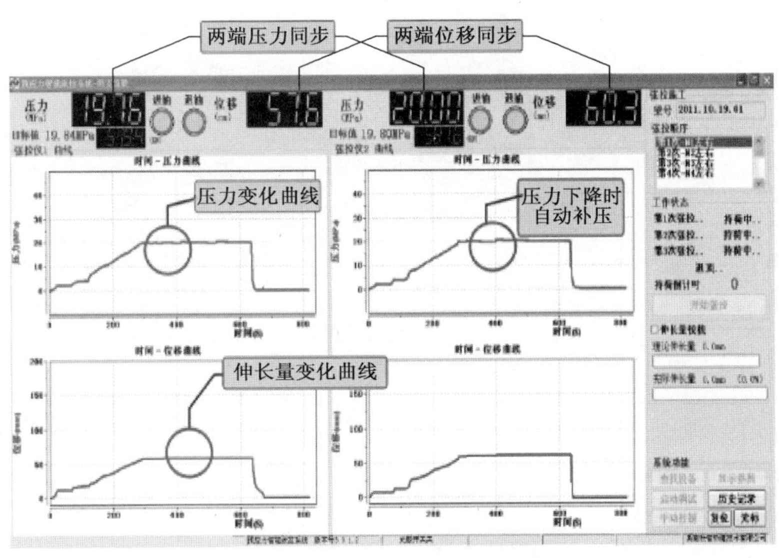

a)时间-位移曲线和时间-压力曲线

图　12-3

花久高速　ZJ636

预张拉力张拉记录表

承包单位：青海省果洛公路工程建设公司青海省 监理单位：西安方舟工程咨询责任公司西安方舟工程咨询责任公司 编号： 第 16 标

工程名称	卡羊大桥			预制梁场	HD16梁场		
构件编号	卡羊大桥3-6			张拉时间	2015年9月14日0时0分		
砼设计强度	50 MPa	砼试块强度	50.4 MPa	弹性模量	195000 MPa	控制张拉力	1395 MPa
张拉仪1编号	LZ31407157			标定日期	2014年7月18日		
张拉仪2编号	LZ31407158			标定日期	2014年7月18日		

张拉顺序示意图

钢束编号	张拉断面	记录项目	初始行程 10%	第一行程 20%	第二行程 50%	第三行程 50%	第四行程 100%	设计张拉控制力(KN)	总伸长量(mm)	理论伸长量(mm)		
N1左	张拉仪1	张拉力	71.80	151.40			772.80	775.60	201.20	208.00	-3.27	
		伸长量	32.50	43.20			127.10					
	张拉仪2	张拉力	73.50	150.80			774.80	775.60				
		伸长量	33.00	44.70			129.20					
N1右	张拉仪1	张拉力	75.00	149.90			773.30	775.60	199.50	208.00	-4.09	
		伸长量	36.70	47.50			130.00					
	张拉仪2	张拉力	72.90	150.20			774.80	775.60				
		伸长量	35.80	47.90			131.10					
N3右	张拉仪1	张拉力	73.20	148.80			773.30	775.60	201.00	208.00	-3.37	
		伸长量	23.70	36.30			119.80					
	张拉仪2	张拉力	75.30	152.30			780.30	775.60				
		伸长量	18.50	27.90			113.40					
N3左	张拉仪1	张拉力	72.30	148.80			772.80	775.60	199.70	208.00	-3.99	
		伸长量	28.00	40.40			122.80					
	张拉仪2	张拉力	75.80	150.20			773.00	775.60				
		伸长量	26.90	37.40			120.90					
N2左	张拉仪1	张拉力	71.80	147.60			775.10	775.60	196.60	208.00	-5.48	
		伸长量	38.00	48.40			129.50					
	张拉仪2	张拉力	74.10	150.20			773.60	775.60				
		伸长量	34.40	45.20			130.30					
N2右	张拉仪1	张拉力	85.50	181.70			966.50	775.60	198.30	208.00	-4.66	
		伸长量	21.90	32.80			116.50					
	张拉仪2	张拉力	88.40	183.50			970.00	775.60				
		伸长量	23.20	35.30			115.90					
备注												

自检意见：　　监理意见：

质检人员：HD1601 李宝善HD1601 李　年　月　日　监理员或专业监理工程师：HD1602 马治军HD1602 马治　年　月　日

b)张拉结果(伸长量允许误差都在±6%以内)

图 12-3　张拉数据

该系统通过计算机控制实现预应力张拉全过程自动化，杜绝人为因素干扰，能有效确保预应力张拉施工质量，是目前国内预应力张拉领域最先进的工艺。

公路预制装配式钢筋混凝土箱形涵洞施工工法

青海省交控建设工程集团有限公司企业工法

公路预制装配式钢筋混凝土箱形涵洞施工工法

（编号：QHJGGF-06—2020）

主编单位：青海省果洛公路工程建设有限公司
批准单位：青海省交控建设工程集团有限公司

编制单位及编写人员

主 编 单 位：

青海省果洛公路工程建设有限公司

参 编 单 位：

青海省海西公路桥梁工程有限公司

主要参编人员：

王明军　郝广杰　赵有南　解延强

李昊林

目　　次

1 前言

涵洞通道是公路排水、跨路的重要结构物。公路工程中常见的涵洞结构形式有盖板涵、拱涵、现浇箱涵、管涵等,其中盖板涵是应用最多的一种结构形式。施工主要采用现场绑扎钢筋、支模、浇筑混凝土的工艺,需要经过长时间养生才能够投入使用,并且由于分布离散、工程量较小,造成涵洞现浇施工材料设备搬运量大、施工周期长、质量难以控制,开挖施工中易造成各种事故,给人身和财产安全带来巨大隐患。基于此,预制装配式钢筋混凝土箱形涵洞为涵洞通道提供了一个行之有效的建造思路。

与传统的现浇涵洞相比,预制装配式钢筋混凝土箱形涵洞在质量和成本方面更加可控,工厂化的施工能够保证每个涵节的质量和外观,同时提高了施工效率,大大缩短了施工工期,节约了施工成本。

2 工法特点

预制装配式钢筋混凝土箱形涵洞改变了一般涵洞施工现场绑扎钢筋、支模和浇筑混凝土的操作方式,实现了涵洞施工由现场到工厂的转变。装配式涵洞工法的推广有效地解决了传统工艺施工难、投入大、安全系数低、建设周期长等弊端。工厂化、标准化、规模化的生产体现了装配式涵洞工期短、质量高、外观美、节约劳动力等优点。

3 适用范围

本工法适用于公路工程预制装配式钢筋混凝土箱形涵洞施工。

4 工艺原理

预制装配式钢筋混凝土箱形涵洞采用先预制、后拼装的施工工艺,采用定型镀锌钢模板、立式预制的形式在预制场集中预制,统一进行蒸汽养生,待强度达到设计要求后运输至施工现场进行安装,并完成防水施工,即可进行八字墙等附属工程施工。

5 施工工艺流程及操作要点

5.1 施工工艺流程

预制装配式钢筋混凝土箱形涵洞构件预制工艺流程如图 5-1 所示,现场安装施工流程如图 5-2 所示。

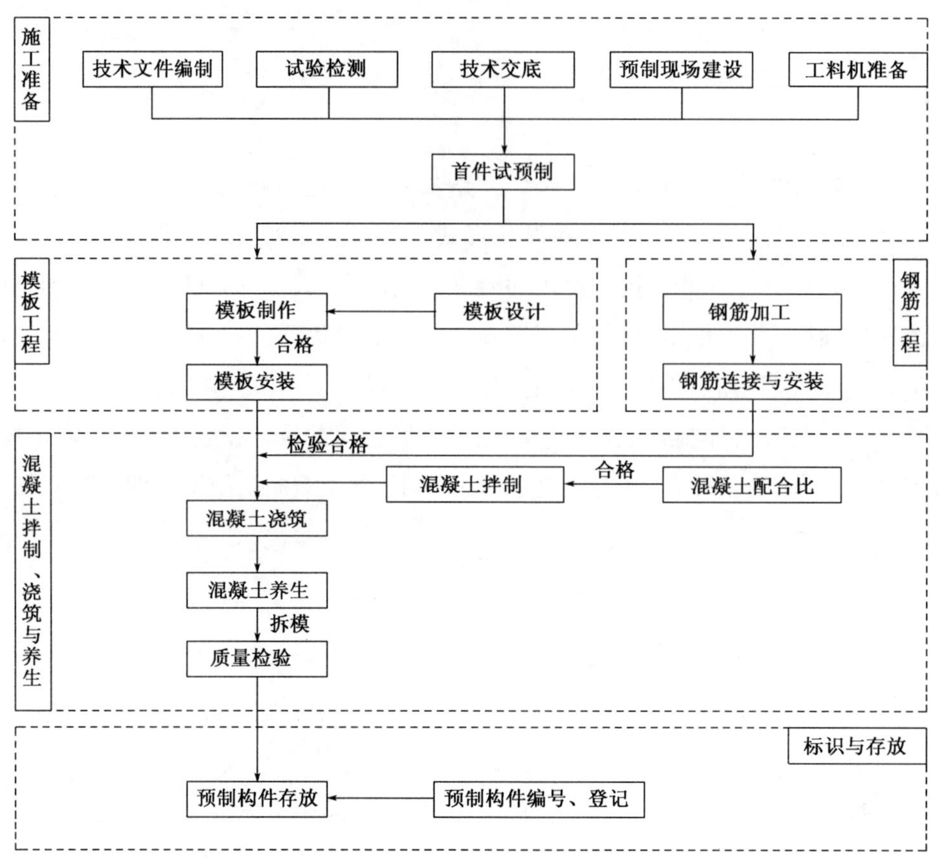

图5-1　预制装配式钢筋混凝土箱形涵洞构件预制工艺流程

5.2　操作要点

5.2.1　涵身节段预制

1　钢筋加工及安装

根据设计图纸钢筋尺寸合理进行钢筋配料、下料,采用在钢筋胎具上绑扎成型再整体吊装就位的施工工艺。

1）在钢筋绑扎过程中为确保钢筋间距,根据设计钢筋间距,在钢筋胎具上按钢筋中心点切割卡槽或设置挡板,钢筋绑扎依据卡槽宽度或挡板宽度控制钢筋间距。钢筋胎具绑扎如图5-3所示。

2）为确保钢筋焊缝饱满美观,避免烧伤,焊接统一采用二氧化碳保护焊。

3）为有效减少钢筋笼在吊装过中的移位变形,在钢筋胎具底部安装可制动滚轮,待钢筋绑扎完成后由拖车连底座整体牵引至预制区,一次性吊装完成。成品钢筋笼牵引转移如图5-4所示。

施工控制重点包括:原材料进场检验和控制,钢筋连接施工和控制,骨架绑扎尺寸和间距控制,内外保护层控制等。

2　模板安装

模板采用定型钢模板,无内拉杆型,墙身模板和底模配套,在对其受力的强度、刚度和稳定性进行设计和验算并合格的前提下,进行定制。为保证内模装拆的方便性,在与混凝土接触面设置了镀锌不锈钢板,在使用前进行组装试验,确定合缝严密、尺寸准确后方可投入生产。按顺序组装内、外模,调整模板垂直度指标，内外模相对位置固定，精调模板上口尺寸、涵节壁厚尺寸及钢筋保护层厚度，最终固定。涵节预制内、外模拼装如图5-5、图5-6所示。

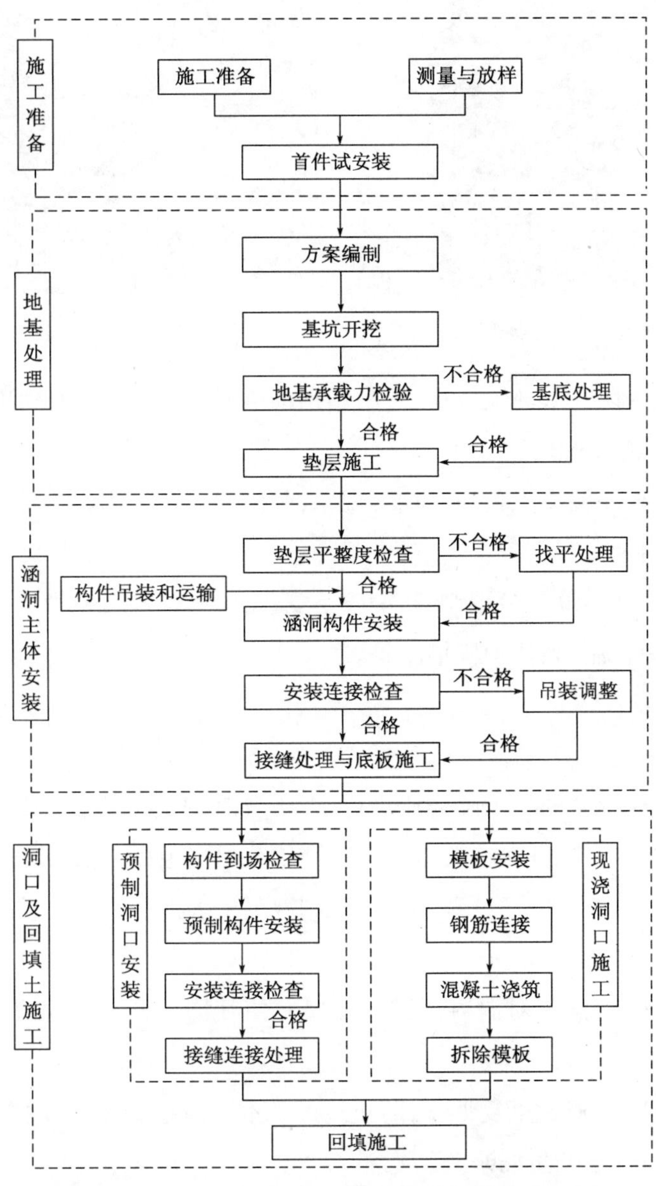

图5-2　预制装配式钢筋混凝土箱形涵洞现场安装施工流程

图5-3　钢筋胎具绑扎

图5-4　成品钢筋笼牵引转移

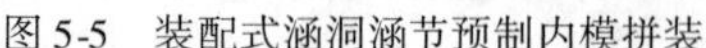

图 5-5　装配式涵洞涵节预制内模拼装

图 5-6　装配式涵洞涵节预制外模拼装

1）在钢模板打磨时，为防止破坏镀锌层，严禁用角磨机或砂纸打磨，宜采用牛皮打磨头或棉线打磨头进行打磨。

2）为避免出现粘模、成品混凝土色泽不均等现象，脱模剂禁止采用废机油、洗洁精等易溶解的化学油剂，宜采用高标号的润滑油。

施工控制重点包括：平面接缝错台控制，防漏胶条安装，紧固件和对拉螺栓数量，模板安装垂直度指标控制，模板安装尺寸偏差控制，整体稳固措施等。

3　混凝土施工

1）混凝土浇筑。

混凝土浇筑前严格按照批复的施工配合比进行试拌，及时测定坍落度、坍落度损失等控制性数据，浇筑过程中严格控制分层厚度，保证振捣质量并避免施工分层现象的出现，浇筑过程中严禁吊斗等设备碰撞模板。混凝土施工完成后立即进行蒸汽养生，控制混凝土表面的内外温差，防止出现裂缝。

2）混凝土振捣。

(1)混凝土浇筑过程中，应随时对混凝土进行振捣并使其均匀密实。振捣宜采用附着式平板振动器为主振、插入式振捣器为辅振的方式。

(2)混凝土振捣过程中，应避免重复振捣，防止过振。不定时检查模板支撑的稳定性和接缝的密合情况，防止混凝土在振捣过程中产生漏浆。

(3)采用机械振捣混凝土时，应符合下列规定：

①插入式振捣器的移动间距不宜大于振捣器作用半径的 1.5 倍，且插入下层混凝土内的深度宜为 50 ~ 100mm，与侧模应保持 50 ~ 100mm 的距离。

②当振捣完毕需要变换振捣棒在混凝土中的水平位置时，应边振动边竖向缓慢提出振动棒，不得将振动棒放在拌合物内平拖，不得用振动棒驱赶混凝土。

③表面振动器的移动距离应能覆盖已振动部分的边缘。

④应避免碰撞模板、钢筋及其他埋件。

⑤每一振点的振捣延续时间宜为 20 ~ 30s，以混凝土不再下沉、不出现气泡、表面呈现混凝土浆为标志，防止过振、漏振。

(4)混凝土振捣完成后，应及时修整、抹平混凝土裸露面，待定浆后再抹第二遍并压光。

3）拆模、养生。

拆模选在温度较高的中午时段进行，防止环境和混凝土表面的温差太大产生裂缝。采用蒸汽养生的方法，每个涵节放置在养生棚内，底部通蒸汽，24h 不间断进行统一养生，混凝土的强度相较于喷淋养生模式上升较快。涵节养生如图 5-7 所示。

4 涵节检测标准

箱涵浇筑实测项目见表 5-1。

箱涵浇筑实测项目 表 5-1

项　次	检 查 项 目		规定值或允许偏差
1	混凝土强度(MPa)		在合格标准内
2	高度(mm)		+5，-10
3	宽度(mm)		±30
4	顶板厚(mm)	明涵	+10，-0
		暗涵	不小于设计值
5	侧墙和底板厚(mm)		不小于设计值
6	平整度(mm)		5

5 涵节防腐处理(盐渍土路段)

涵节完成养生、强度达到出场条件后，四面及涵节拼口处采用防腐涂料涂刷：环氧富锌底漆(80μm) + 环氧云铁厚浆中间漆(260μm) + 丙烯酸聚氨酯面漆(90μm)。待漆干燥后，由平板车拉运至存放区。涵节防腐如图 5-8 所示。

图 5-7　成品装配式涵洞涵节养生

图 5-8　成品装配式涵洞涵节防腐

5.2.2　涵身节段安装

1 基坑开挖

基坑采用人工配合挖掘机进行开挖，按照 1∶1.5 进行放坡。机械开挖至基底设计换填高程时，重新进行测量放样，确定开挖正确不偏位。在施工过程中，根据实际需要设置排水沟及集水坑，保证工作面及基底干燥。基坑开挖完成后进行地基承载力检测，如图 5-9 所示。

2 箱形涵洞基础施工

箱形涵洞基础采用 C25 混凝土浇筑(图 5-10)，厚 30cm。施工时注意沉降缝的设置位置要和安装涵节的长度对应，要考虑涵节的安装缝隙宽度，确保垫层与涵身的沉降缝能上下一条线贯通。基础表面平整度要进行精细控制，以确保涵身节段的安装质量。

图5-9　地基承载力检测

图5-10　装配式涵洞基础混凝土浇筑

3　涵节吊装

涵节养生达到设计强度的85%以上后，方可进行吊装作业。采用一台平板车、钢丝捆绑方式起吊，钢丝绳与涵节构件接触的角部放置定型刚性衬垫。

4　节段翻转

在预制场区进行90°翻转。场区内设置翻转坑，翻转坑内铺设一定厚度(30cm以上)的砂子，以防止落地翻转时涵节下部边角损伤，同时在待翻底面一侧放置防磕碰软胶垫。

利用预埋吊装孔进行吊装，翻转过程中，严禁人员在作业范围内逗留停滞。旋转90°后，将涵节临时存放在台座上或直接吊至运输板车上，运至涵洞现场拼装。

5　节段运输

提前做好运输路线调查和规划，防止因为道路限宽和限高影响运输，另外要做好构件的临时固定措施，防止出现倾覆安全事故。

6　节段现场安装

提前进行涵节底座放样，标出涵洞轴向线和底座上每个节段边线，精确测量底座上每一节段四点高程，放样完成后在涵节拼接处放置25cm宽的橡胶止水带(图5-11)。

标出待安装涵节轴线，以每一沉降缝段为一安装区段，采用钢棒和手拉葫芦对涵节进行安装，将钢棒穿入预留吊装孔中,利用手拉葫芦拖动涵节至相应位置。安装完成后涵节间检测错台情况和轴线偏差,如有问题进行局部调整。

图 5-11 橡胶止水带安装

7 接缝处理

预制箱形涵洞拼装完成后,即可进行接缝处理施工,顶底接缝从外向内依次进行处理,先采用钢丝刷或抹布将接缝内、缝边清理干净,并在接口处涂刷 25cm 宽的聚氨酯防水涂料,然后在接口外侧粘贴两层 25cm 宽、5mm 厚的改性沥青防水卷材(图 5-12)。

图 5-12 粘贴改性沥青防水卷材

中间采用聚氨酯泡沫胶进行填充,填至墙宽 2cm 处,然后采用聚氨酯密封胶进行填充(图 5-13),接缝填满后向两侧延伸 8cm 并采用刮刀整平,保证整体性及密封性,通过内外结合的方式使涵洞整体防水效果达到最佳(图 5-14、图 5-15)。

图 5-13 缝内填充

图 5-14 接缝处理效果图

图 5-15 吊装完成后效果图

8 密闭性检测

接缝处理完成后，对已拼接完成的涵洞进行闭水试验（图 5-16），试验时间不少于 48h。

图 5-16 装配式涵洞密闭性检测

9 涵背回填

涵洞台背回填在洞身两侧不小于 2 倍孔径范围内进行填筑、压实，每层填筑厚度不超过 15cm，填筑长度和涵洞的长度一致，压实度不小于 96%。墙外侧标出分层线，两侧对称同步回填，回填时与路基衔接位置挖台阶且台阶向路基侧设 3% 的反坡，台阶设计高 1m、宽 1m。涵身两侧压路机压不到的位置用人工打夯机夯实，施工中注意对接缝防水层设施的保护。台背回填如图 5-17 所示。

图 5-17 涵洞台背回填

6 材料与设备

6.1 主要材料

预制、安装主要材料见表6-1。

预制、安装主要材料 表6-1

序号	材料名称	材料规格	主要参数	备注
1	水泥	设计要求	符合国标要求	—
2	钢筋	HRB335	符合国标要求	热轧螺纹钢
3	专用紧固件	M25	强度等级5.8级，性能等级为C级	锌基铬酸盐涂层防腐
4	水泥砂浆	≥M10	稠度5～7cm	中粗砂
5	沥青麻絮	—	—	符合设计要求
6	苯乙烯-丁二烯-苯乙烯嵌段共聚物(SBS)改性沥青防水卷材	Ⅱ型	聚酯胎，聚乙烯塑料(PE)膜(镀铝膜)，厚度3mm	适用环境：-25～+100℃

6.2 预制、安装设备、器具

预制、安装设备、器具见表6-2。

预制、安装设备、器具配置一览表 表6-2

序号	名称	型号	用途	备注
1	电焊机	D-WF-200	钢筋加工	二氧化碳保护焊
2	弯弧机	WH-32	钢筋加工	用于专用紧固件制造
3	弯曲机	GW40	钢筋加工	
4	切断机	QCX8-12	钢筋加工	
5	ϕ32mm 弯箍机	GF20	钢筋加工	
6	大型调直机	HY2-60	钢筋加工	
7	钢筋骨架样架	每种规格构件	钢筋骨架定型、焊接	根据模板数量配套
8	门式起重机	20t	构件移、运	根据最大起吊重量选用
9		5t	模板安拆、混凝土浇筑	与大型门式起重机同轨道布设
10	叉车	3t	钢筋骨架转场	根据骨架重量选用
11	锅炉	4m^3	蒸汽养生	根据模板数量选择
12	定型钢模板	每种规格构件	构件预制	按每天周转1次配置
13	汽车起重机	130t	安装，构件装、卸车	
14	平板车	17m×3m，荷载35t	构件运输	
15	千斤顶	10t	调整侧墙顶口距离	
16	圆木	直径20cm	支撑	
17	木梯		爬高	
18	钢卷尺	6m	测量	
19	吊锤		测构件垂直度	

续上表

序号	名　称	型　号	用　途	备　注
20	扳手		螺母紧固	
21	靠尺	3m	垫层找平	
22	全站仪	索佳	安装控制线放样	
23	水准仪	DS2	垫层高程测量	

7　质量控制

(1)涵节安装前对基础进行放样,标出涵洞轴向线和底座上每个节段边线,量底座上每一节段四点高程,不平处采用环氧树脂砂浆调平。

(2)涵节吊装过程中在钢丝绳与涵节接触面衬垫橡胶垫,防止钢丝绳损伤边角。

(3)橡胶止水带在安装过程中需紧贴涵节企口处混凝土表面并进行固定。

(4)涵节安装完成后进行渗水试验,检测防水施工质量。

预制装配式钢筋混凝土箱形涵洞实测项目允许偏差见表7-1。

构件预制、结构组装允许偏差　　表7-1

项　次	项　目	允许偏差
1	混凝土强度(MPa)	不小于设计值
2	构件长度(mm)	0 ~ +5
3	壁厚(mm)	-3 ~ +5
4	轴线偏位(mm)	50
5	结构长度(mm)	-50 ~ +100
6	底面高程(mm)	±10
7	内、外轮廓线形偏离设计线形(mm)	±20
8	相邻节段内轮廓线错口(mm)	5
9	垫层宽度、厚度(mm)	不小于设计值

8　安全措施

8.0.1　施工方应对相关人员进行安全培训与交底,明确预制构件进场、卸车、存放、吊装、就位各环节的施工作业风险,制订风险防控措施。

8.0.2　预制构件装卸时,应按规定的装卸顺序进行,并确保车辆平衡。

8.0.3　预制构件卸车后,应将构件按编号或使用顺序,依次存放于构件堆放场地,构件堆放场地应设置临时固定措施。

8.0.4　安装前应对安装作业区进行围挡,设置明显的标识和警戒线,并设专职安全员,闲杂人员不应进入。

8.0.5　应定期对预制构件吊装作业所用的工具、吊具、索具进行检查。

8.0.6 起重机吊装区域内,非操作人员禁止进入。吊运预制构件时,构件下方禁止站人,应待吊装物降落至离地面 1.0m 以内时,方可靠近,就位固定后方可脱钩。

8.0.7 遇到雨、雪、雾天气,或者风力大于 5 级时,不应进行吊装作业。

8.0.8 安全施工还应符合现行《公路桥涵施工技术规范》(JTG/T 3650)和《公路工程施工安全技术规范》(JTG F90)的规定。

9 环保措施

9.0.1 运输过程中,应保持车辆整洁,防止对场内道路造成污染,并减少扬尘。

9.0.2 预制构件应分别集中堆放整齐,并悬挂标识牌,不应占用施工临时道路,并做好防护隔离。

9.0.3 现场应设置污水池和排水沟,应加强对废水和污水的管理。废水和废弃胶料应统一处理。

9.0.4 预制构件施工中产生的黏结剂、稀释剂等易燃、易爆化学制品废弃物应及时收集,送至指定储存容器内,并按规定回收。

10 效益分析

10.1 社会效益

工厂化施工,钢筋智能加工,蒸汽养生,构件身份识别系统等信息化、智能化技术的应用,有效保证了预制涵节的质量和外观,安装完成后箱形涵洞表面平整光滑,色泽一致,较传统现浇箱形涵洞外观有很大的改观。另外涵节现场安装仅需要汽车起重机即可,一天即可完成一道涵洞的安装施工,缩短了现场施工时间。合理的厂址规划、流水化的作业程序和预制安装施工工艺能大幅度提高生产效率,大大缩短了涵洞施工工期,能够提前完成施工任务,尽快通车,社会效益较好。

10.2 经济效益

箱形涵洞涵节预制采用流水作业,钢筋加工、钢筋绑扎、模板安装、混凝土浇筑每道工序均仅需 2 人即可完成,现场安装需要 1 台汽车起重机、1 辆运输车以及 6 名安装人员,能够在一天内完成一道涵洞的拼装,大大缩短了涵洞施工工期,同时集中化的预制施工减少了人员和材料的周转,节约了施工成本。

11 应用实例

老茫崖至油砂山岔口公路工程 JYYT-1 标项目,路基工程全长 85.43km。该项目开工日期为 2020 年 6 月,全线设计预制装配式钢筋混凝土箱形涵洞 114 道,全长 2211m。2020 年 9 月 23 日开始正式预制,2021 年 7 月 28 日预制、安装工作全部完成,经项目办、设计单位、监理单位等现场察看及检测单位检测,一致认为预制装配式钢筋混凝土箱形涵洞结构形式新颖、美观(图 11-1),工厂化预制便于操作,构件质量易控,较现场浇筑方式施工速度明显加快,受到一致好评。

图 11-1　拼装完成后效果图

客土喷播三维网植草施工工法

青海省交控建设工程集团有限公司企业工法

客土喷播三维网植草施工工法

（编号：QHJGGF-07—2020）

主编单位：青海省湟源公路工程建设有限公司
批准单位：青海省交控建设工程集团有限公司

编制单位及编写人员

主 编 单 位：

青海省湟源公路工程建设有限公司

参 编 单 位：

青海省海西公路桥梁工程有限公司

青海省兴利公路桥梁工程有限公司

主要参编人员：

吴生彬　朱顺元　马银祥　王　立

陈永忠　李世军

目　　次

1 前言

近年来随着人们环境保护意识的提高,工程建设对生态环境的破坏引起了工程建设者们的高度重视,尤其是公路路堑边坡的稳定和绿化在整个公路生态保护中起着至关重要的作用。

青海省 S102 西宁绕城环线平安经互助至大通 E 标段属越岭线,大量土方开挖造成原地貌及植被严重破坏。高陡挖方边坡植被恢复极其困难,如果采用主动防护,工程施工难度大,成本高。经建设单位、设计单位及施工单位共同查看现场后,决定采用客土喷播植草方法对路堑边坡进行绿化。通过客土喷播植草可有效保护边坡表面免受雨水冲刷,减缓温度变化的影响,防止和延缓土体表面的进一步破碎和滑塌,从而保护路堑边坡的整体稳定性;通过植被恢复,可营造路域内优美的自然环境,人工构造物与自然环境相协调,适应国家大力提倡的保护环境和节能减排的理念,因此在青海省平安经互助至大通 E 标段的施工中采用了本工法。

2 工法特点

2.0.1 工艺简单,易操作。

2.0.2 不必覆盖或更换表土,适用范围广。

2.0.3 对土壤平整度没有要求。

2.0.4 覆盖料和土壤稳定剂的共同作用能够有效防止雨水冲刷,避免种子流失,因此所建立的植被均匀整齐。

2.0.5 施工统一,成坪快,较美观,在水分充足的条件下,一般 1 周左右即可出苗,2 个月植被可以完全覆盖坡面。

3 适用范围

客土喷播植草绿化技术可应用于公路、铁路、河道、市政、园林等多个领域。该防护用于土质或强风化岩石挖方边坡时,其边坡坡率不陡于 1:1.25;用于微风化、弱风化、全风化岩石挖方边坡时,其边坡坡率不陡于 1:0.5 ~ 1:1。

4 工艺原理

客土喷播植草绿化是将配制的土壤与乡土草木种子及防止水土流失的土壤稳定剂、黏合剂、保水剂等掺和后,经搅拌机拌匀,在干料状态用空压机和混凝土喷射机输送,在喷射口前与水混合喷射到岩面,形成喷射厚度较大、黏稠度较高、能促进植物长期生长的基材,从而实现永久固坡和美化环境的目的。

5 施工工艺流程及操作要点

5.1 施工工艺流程

客土喷播三维网植草施工工艺流程如图5-1所示。

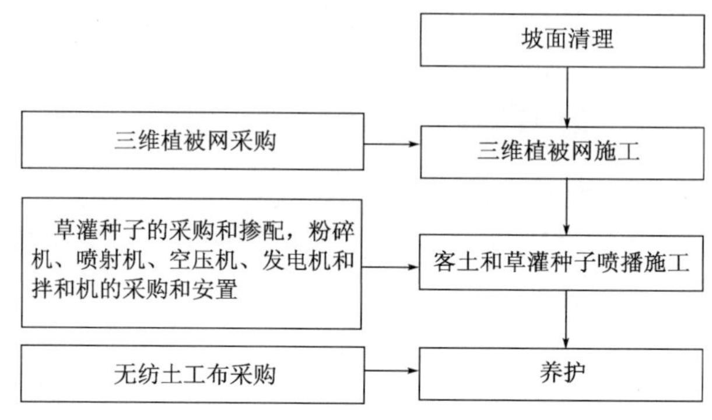

图5-1 客土喷播三维网植草施工工艺流程图

5.2 操作要点

5.2.1 坡面清理

自上而下清除表面的石块、垃圾、杂草及有害物质。为增强草种的附着力，工人沿坡面水平方向开挖一定深度的沟槽。

5.2.2 三维植被网施工

自上而下进行三维植被网的施工。三维植被网的顶部埋入坡顶以下15cm，水平方向搭接10cm，边坡两端边缘卷边10cm，底部埋入边沟边缘以下15cm。工人在进行三维植被网施工时应同时将锚固钢筋外露端从中间位置回折，以便将植被网固定。三维植被网施工后应确保紧贴坡面(图5-2)。

图5-2 人工挂三维植被网

5.2.3 湿润坡面

坡面在喷播前需充分洒水1～2次，保持坡面湿润，渗透深度不得小于15cm，待土壤“收汗”后进行喷播。

5.2.4 客土喷播施工

首先将喷射机安置在合适的位置，然后将搅拌机放置在喷射机附近，确保卸料时直接进入喷射机的料斗。工人在土场利用粉碎机将土壤粉碎，并过20mm的筛子，防止大颗粒进入喷射机造成堵管现象(图5-3)。

工人利用自卸车将粉碎好的土壤运至施工地点，卸在彩条布上，防止污染路面层。工人利用铲车将土壤铲入搅拌机的料斗，同时放入草籽、有机肥、速效肥、长效肥、保水剂、稳定剂和黏合剂进行搅拌(图5-4)。土壤配合比见表5-1。

图5-3　土壤粉碎

图5-4　土壤、草籽及添加剂搅拌

土壤配合比(质量比)　　表5-1

土	有机肥	速效肥	长效肥	保水剂	稳定剂	黏结剂
89.30	10.00	0.10	0.15	0.15	0.10	0.20

首先启动空压机和水泵，使空气压力达到0.3MPa，然后启动搅拌机将混合料卸入喷射机的料斗，将喷射混合材料搅拌均匀，最后启动喷射机。喷射手打开阀门自上而下地进行客土的喷播作业。喷射手根据喷射机的压力和坡面的地质情况选择合理的喷射角度和喷射距离，保证客土能够黏在坡面上不离不散(图5-5)。

图5-5　客土的喷播作业

5.2.5　养护

喷播后及时覆盖无纺土工布(图5-6)。

图5-6　覆盖无纺土工布

无纺土工布的作用如下：

(1)减少太阳的直射，从而降低水分的蒸发速度。

(2)下雨时防止表面形成汇流，冲刷坡面。根据天气情况及时对坡面进行喷水养护，保证草种出苗前及小苗生长阶段坡面始终保持湿润。喷水养护时应用喷湿机进行雾化洒水，严禁用水龙头直接喷洒，防止水量过大造成客土和草种的冲刷。

5.2.6 栽植后的养护管理

1 病虫害的防治：要做到以预防为主，不能预防的，发现后要及时整治。

2 补播：对死亡、损坏严重的灌木苗和草，要适时补种和补喷同规格、同品种的植物。

成坪后效果图如图5-7所示。

图5-7 成坪后效果图

6 材料与设备

6.1 材料性能

6.1.1 草籽、灌木种子：应选择适合于当地气候条件、易于生长的草种。混合草种应试验其萌芽情况，其纯度和萌发率均应达到80%以上。灌木种子为林木或绿化种子，其中发芽率、纯度、生活力、优良度应不低于相应国家标准规定的种子质量三级要求。

6.1.2 土壤：应为松散的、具有透水性并含有有机物质的土壤，利于植物生长，不应含有盐、碱土，且无有害物质以及大于20mm的石块、棍棒、垃圾等。在施工中首选路基的清表土，其次为弃方土，严禁破坏路基范围之外的植被体系。

6.1.3 肥料：有机肥应优先使用经过沤制的农家肥。使用化肥时，应为标准农田化肥并按袋装提供。

6.1.4 水：应无油、酸、碱、盐或其他对植物生长有害的物质，并应符合现行《农田灌溉水质标准》(GB 5084)的要求。

6.1.5 三维植被网(图6-1)：应采用抗拉强度不小于1.4kN/m、克重不小于240g/m、厚度为10mm、幅宽为2m的三层式植被网，其原材料为聚乙烯。

图 6-1　三维植被网

三维植被网是一种新型土木工程材料，属于国家高新技能产物目次中新型材料中的增强体材料。

特征：是用于植草固土用的一种三维结构的似丝瓜网格样的网垫，质地松散、柔韧，留有 90% 的空间，可充填泥土、砂砾和细石，植物根系可以穿过其间，整齐、均衡地生长，长成后的草皮使网垫、草皮、土壤表面牢固地结合在一起，植物根系可延伸至地表以下 30 ~ 40cm，组成一层稳固的绿色复合维护层。

功用：

(1) 在草皮没有长成之前，可以保护地盘表面免遭风雨的侵蚀。

(2) 可以牢固地保持草籽均匀地分布在坡面上，免受风吹雨冲而流失。

(3) 因为表面粗拙，风、水流在网垫表面发生无数涡流，因而产生消能效果，促使其挟带物聚积在网垫中。

(4) 植物发展起来后组成的复合维护层可经受高水位、大流速的冲刷(2d 内可经受 3 ~ 4m/s 的流速，4 ~ 5h 内可经受 5 ~ 6m/s 的流速)。

(5) 可替代混凝土、沥青、块石等永久性的坡面防护材料，用于公路、铁路、河道、堤坝、山坡等坡面维护。

(6) 可大幅度降低工程造价，是 C15 混凝土和干砌块石护坡造价的 1/7，浆砌块石造价的 1/8。

(7) 在沙地盘表面铺设后，可防止沙丘的移动，能极大地提高地表粗糙度，添加地表聚积物，改善地表理化功能和局部地区生态情况。

6.2　主要机械和设备

主要机械和设备见表 6-1。

主要机械和设备一览表　　表 6-1

机具名称	单　位	数　量	备　注
客土喷播机(图 6-2，主要参数见表 6-2)	台	1	HKP-125 型
筛土机	台	2	350 型
柴油发电机	台	1	30kW
空气压缩机	台	1	$10m^3/min$
高压水泵	台	2	

图 6-2　客土喷播机

HKP-125 型客土喷播机参数　　表 6-2

项　目	参　数	
罐体	几何容积(L)	8000
	工作体积(L)	7200
搅拌系统	搅拌方式	机械变速,卧轴斜桨叶片机械搅拌及循环射流搅拌
	搅拌方向	正、反双向旋转
	搅拌轴转数(r/min)	0 ~ 100,变速
泥浆泵	流量(m^3/h)	60
	出口压力(MPa)	2.2
	传动方式	机械离合
	最大固体含量(%)	80
	最大颗粒物(mm)	20
动力系统	发动机	国产东方涡轮增压中冷柴油机
	功率(kW)	125
	转速(r/min)	2200
其他参数	喷枪形式	架枪 + 管枪(选配),可分别实现远程大面积覆盖和延伸精准作业
	高压回流装置	罐体内高压回流,流量为 1000L/min,可清洗、可泄压
	喷头配置	圆形 2 只,口径为 30mm、35mm;扇形 1 只,口径为 35mm
	最大射程(m)	40

7　质量控制

7.1　检查标准

7.1.1　三维植被网无外露现象。

7.1.2　灌、草的坡面综合绿化覆盖率不低于 95%。

7.1.3　每百平方米点播成活的灌木数量不少于 100 株。

7.1.4　客土厚度不小于设计要求。

7.2 质量控制要点

7.2.1 进行严格和详细的技术交底,确保各工种掌握施工内容、工艺方法、质量目标和奖惩考核标准。

7.2.2 为增强作业面的绿化效果,在清理坡面时,将坡面转角处坡顶的棱角修整为弧形,以利于喷播。

7.2.3 加强坡顶位置截水沟的设置,防止地面汇水冲刷坡面,造成坡面的破坏。

7.2.4 为保证草灌种子具有足够的养料和水分,客土的喷播厚度应符合设计要求。

7.2.5 草灌种子与土壤一起拌和,使种子均匀分布于整个喷播层。严禁首先喷播客土,然后表层喷播草灌种子的做法,以免降低草灌种子的成活率。

7.2.6 保证草灌种子的发芽率,每批都要进行发芽率试验。三维植被网固定时,严格进行锚杆和U形钉的施工。用钢钎随机抽查客土喷播的厚度,确保不小于设计值。前期养护应确保坡面湿润。

8 安全措施

8.0.1 对工人进行安全培训,使其掌握安全防护用品的正确使用方法。组织全体施工人员学习,加强安全教育,强化安全意识,每人必须签订安全教育卡。

8.0.2 机械操作人员在工作中不得擅离岗位,不得将机械交给无本机种操作证的人员操作。

8.0.3 喷嘴前方影响范围内不得有人员,以防高压打击伤人。

8.0.4 施工用电应实行三级配电。施工用电配电箱、开关箱应装设在干燥通风、无外来物体撞击的地方。施工用电开关箱应实行"一机一闸"制,不得设置分路开关。

8.0.5 作业人员必须正确使用安全带和安全绳。安全绳要有足够的强度,并应将安全绳牢系在坡顶的固定桩上,固定物体为钢钎、树木等,并确保稳固。安全带必须定期更换。

8.0.6 工人严禁上、下同时垂直作业。若特殊情况必须垂直作业,应经有关领导批准,并在上、下两层间设置专用的防护棚或者其他隔离设施。

8.0.7 工人严禁坐在高空无遮拦处休息,防止坠落。

8.0.8 高空作业所用的工具、零件、材料等必须装入工具袋。上、下作业时手中不得拿物件,且必须从指定的路线上、下,不得在高空投掷材料或工具等。

8.0.9 施工现场要有明显安全标志。与其他施工队交叉作业时,应协调好双方之间的合作。

8.0.10 施工前要对坡面进行详细调查,发现不稳定的坡体时通知监理工程师,同时做好人员疏散工作,并设立警告标记。

9 环保措施

9.0.1 合理施用农药、化肥,防止土壤污染和土壤结构破坏。

9.0.2 运输可能产生粉尘的车辆配备挡板及篷布,防止粉尘飞落,降低对生产人员和当地居民的危害,必要时进行洒水。

9.0.3 喷播前应在坡面边缘处设置挡板,防止将客土喷到边坡以外。

9.0.4 每次喷播完毕后及时清理现场垃圾,做到文明退场。

10 效益分析

10.1 经济效益

青海省平安经互助至大通 E 标段,路堑边坡面积为 8 万 m^2,现根据该项目的单价进行总施工造价的比较,具体见表 10-1。

施工造价比较 表 10-1

方案	护坡形式	单价(元/m^2)	造价(万元)
方案一	客土喷播三维网植草绿化	71.52	572.16
方案二	窗孔式护面墙护坡 + 窗孔内客土喷播绿化	157.68	1261.44

从表 10-1 不难看出方案一的施工造价远远低于方案二,且方案一施工速度快,施工机具简单,劳动强度低,缩短了施工周期。

10.2 社会效益

本工法合理地利用了路基的清表土,减少了征用弃土场而造成的地方环境体系的破坏。本工法与窗孔式护面墙护坡相比较,减少了地方石料的使用量,从而降低了因石料开采对地方生态体系的破坏。本工法的应用做到了“建设一方,建好一方,保护一方”。

11 应用实例

青海省 S102 西宁绕城环线平安经互助至大通段公路位于青海省西宁市及海东市境内,是青海以西宁为中心的东部城市群的主干道路,经互助县五十镇、丹麻镇、威远镇、五峰镇,大通县长宁镇,至终点景阳镇。E 标段全长 15.127km,工程总造价 1.44 亿元。合同包括路基、桥梁、隧道、防护及排水工程。设计速度 60km/h,整体式路基宽度 12m。采用本工法后,路堑边坡仅 4 个月就完成全部绿化施工。施工速度快,造价低,坡面绿化效果好,得到了相关单位的一致好评。

青海省交控建设工程集团有限公司企业工法　　（编号：QHJGGF-08—2020）

路缘石滑模施工工法

青海省交控建设工程集团有限公司企业工法

路缘石滑模施工工法

（编号：QHJGGF-08—2020）

主编单位：青海省兴利公路桥梁工程有限公司
批准单位：青海省交控建设工程集团有限公司

编制单位及编写人员

主 编 单 位：

青海省兴利公路桥梁工程有限公司

参 编 单 位：

青海省湟源公路工程建设有限公司

青海省果洛公路工程建设有限公司

主要参编人员：

赵道群　马小军　仁青才让　肖　华

耿国平

目　　次

1　前言

随着青海省公路建设的飞速发展，全面推行机械化施工是大势所趋，机械化施工对于提高工程质量、加快施工进度有着重要作用。滑模摊铺机摊铺路缘石在公路施工中属于先进施工工艺，铺筑的路缘石不仅外形美观、强度高，并且取消了路缘石预制工艺，大大提高了路缘石施工的速度，节省了大量人力、物力、财力，经济效益非常可观。

2　工法特点

现浇路缘石的施工原理：水泥混凝土多功能滑模摊铺机将控制板、输送控制器、振捣棒组等水泥混凝土路缘石施工所需的功能组合在一个可机动行走的履带式机械上，完成一次振捣密实，挤压滑动形成水泥混凝土路缘石。通过滑模施工，取消了大量费工、费力和费时的混凝土路缘石预制、安装工作，提高了路缘石施工的进度及生产效率。

3　适用范围

滑模机现浇路缘石相比预制安装路缘石具有明显的速度和经济优势，且不受场地的影响，具有更强的适用性，基本能应用于所有的公路路缘石施工，同时也适用于边沟、排水沟等的路缘石施工。

4　工艺原理

路缘石滑模摊铺机在施工导线的引导下，带动路缘石成型模具向前滑动，滑动速度控制在2.0～3.0m/min之间，采用搅拌运输车喂混凝土料，随时检测混凝土坍落度，将其控制在50～70mm之间，经过振动器的振实，滑模板挤压成型，最后由抹光板磨平整修表面，形成线形直顺、平面平整的路缘石。

5　施工工艺流程及操作要点

5.1　施工工艺流程

路缘石滑模施工工艺流程如图5-1所示。

5.2　操作要点

5.2.1　混凝土配合比设计：施工前应进行试滑，发现问题及时调整，尤其要注意混凝土的坍落度。

应保证作业过程中路缘石不塌陷,无蜂窝小包,无拉裂现象,表面平顺光滑。

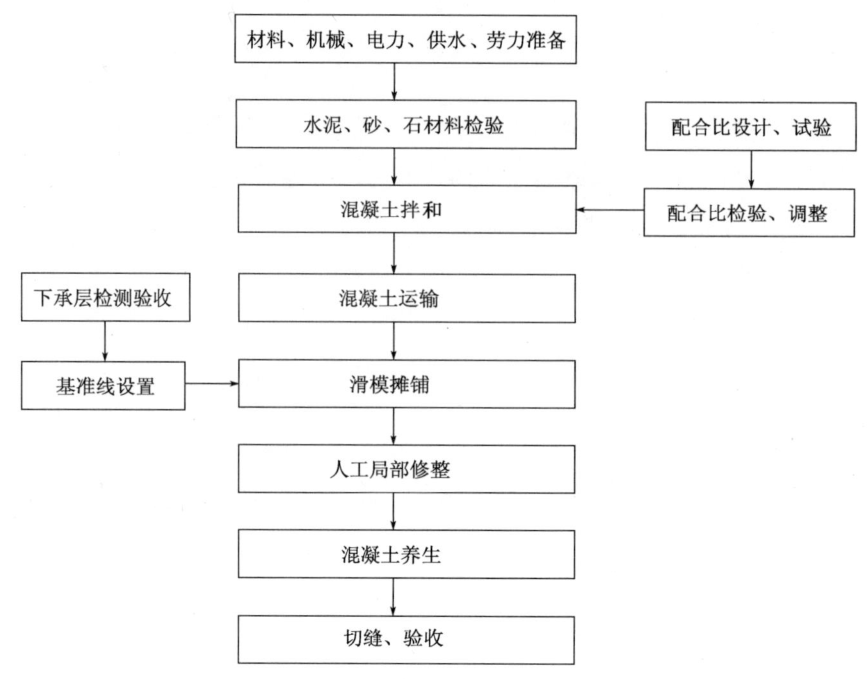

图 5-1　路缘石滑模施工工艺流程图

5.2.2　混凝土搅拌和运输:混凝土的搅拌质量直接影响路缘石的滑模质量,应严格按照配合比配料进行搅拌。

5.2.3　桩位:测量人员所放桩位为路缘石内边,间距为 20m,曲线处需加密,加密程度根据曲线半径确定,保证滑完后线形顺直、圆滑,确保路面宽度满足设计要求。

5.2.4　高程:按照设计高程确定路缘石顶面高程。

5.2.5　抹面修正:路缘石滑模施工成型后,及时用抹子抹面,保证表面平整并足以在混凝土初凝前检查线形是否圆滑、平直,需修整处用 3m 直尺轻拍混凝土表面调整成型,再进行二次抹面收光,表面如有需要修补的位置,则用原浆修补。

5.2.6　养生、切缝:施工完成后及时用塑性薄膜覆盖养生,塑性薄膜两侧用碎渣压住,防止水分散失,天气炎热时上覆土工布或麻袋片洒水养生。切缝时间控制在混凝土强度达到设计强度的 75% 后,时间不少于 24h,避免因过早切割造成切缝毛糙,但切缝时间也不能过晚,否则会造成断板。切缝间距应符合设计要求。

6　材料与设备

6.1　原材料要求

由于滑模机对混凝土坍落度、和易性的要求非常高,因此对原材料的控制和检验尤为重要,合格后方能使用。

6.1.1 粗集料

采用质地坚硬、强度高、耐磨耗、清洁干净的轧制碎石和砾石，针片状颗粒含量不大于15%，最大粒径不宜超过20mm。

6.1.2 细集料

采用级配良好、颗粒洁净、粒径小于5mm的河砂，砂区宜选用Ⅱ区。

6.1.3 水泥

水泥宜选用低强度等级的普通硅酸盐水泥、矿渣水泥、粉煤灰水泥，水泥不能受潮或长时间存放。

6.2 人员、机械设备配置

人员配置见表6-1，机械设备配置见表6-2。

人员配置表 表6-1

序号	工种	数量	备注
1	技术员	1人	
2	现场管理人员	1人	
3	试验员	1人	
4	安全员	1人	
5	工人	6人	
6	司机	1人	

机械设备配置表 表6-2

序号	机械名称	规格型号	单位	数量	备注
1	发电机	200kW	台	1	
2	装载机	ZL50	台	1	
3		ZL30	台	1	
4	混凝土拌和站	750型	套	1	
5	混凝土搅拌运输车	SX5255GJBDR384	台	2	
6	路缘石滑模机		台	1	

7 质量控制

施工路缘石按现行《公路工程质量检验评定标准 第一册 土建工程》(JTG F80/1)鉴定。

7.1 基本要求

7.1.1 路缘石质量、尺寸符合设计要求。

7.1.2 表面平整密实，线形直顺，曲线圆滑。

7.1.3 施工接茬平整、稳定。

7.2 主要实测项目

现浇路缘石实测项目见表7-1。

现浇路缘石实测项目 表 7-1

项　　次	检 查 项 目	规定值或允许偏差	检查方法和频率
1	混凝土强度	符合设计要求	按现行《公路工程质量检验评定标准　第一册　土建工程》(JTG F80/1)的规定检查
2	直顺度(mm)	10	20m 拉线;每 200m 测 4 处
3	宽度(mm)	±5	尺量;每 200m 测 4 处
4	顶面高程(mm)	±10	水准仪;每 200m 测 4 处

8　安全措施

根据现行《公路工程施工安全技术规范》(JTG F90)的要求,施工现场主要采取的安全措施为:

8.0.1　施工区域要有明显的安全警告标志和必要的封闭护栏。

8.0.2　对作业人员进行现场安全教育和安全技术交底,规范作业人员的操作行为。

8.0.3　操作人员作业时需戴安全帽,穿工作服。

8.0.4　混凝土搅拌运输车进入施工场地要有专人指挥。

9　环保措施

9.0.1　水土及生态环境的保护:保护植被,对施工界限内外的植被、树木等尽量维持原状。因施工需要砍除树木和其他经济作物时,事先征得环境保护和水土保持部门、所有者和建设单位的批示同意。营造良好的环境,在施工现场和生活区设置足够的临时卫生设施,经常进行卫生清理,同时在临时用地范围内的裸露地表植草或种树进行绿化。工程完工后,及时进行现场清理,并按设计要求采取植被覆盖或其他处理措施。

9.0.2　水环境保护:靠近生活水源的施工,用沟壕或堤坝同生活水源隔开,避免污染生活水源。清洗机械、施工设备的废水及生活污水,采取必要的净化措施,达到一定卫生标准后才可排放。施工机械应防止严重漏油,禁止机械在运转中产生的油污未经处理就直接排放,或维修机械时的油水直接排放。

9.0.3　大气环境保护及粉尘的防治:在设备选型时选择低污染设备,安装空气污染控制系统。在运输水泥、砂、石等易飞扬物料时用篷布覆盖严密,并装量适中。对撒在道路上的砂、石、土、石灰等及时清扫干净,保持道路整洁。配备专用洒水车,对施工现场和运输道路经常洒水湿润,减少扬尘。汽油等易挥发品的存放要密闭,并尽量缩短开启时间。

9.0.4　生产、生活垃圾的管理:生产和生活中的废弃物经当地环保部门同意后,运至指定地点。工地设置卫生间,派专人清理打扫,并定期对周围喷药消毒,以防蚊蝇滋生。报废材料立即运出现场,并进行掩埋等处理。对于施工中废弃的零碎配件、边角料、水泥袋、包装箱等,及时清理并做好现场卫生,以保护自然环境不受破坏。

9.0.5　完工后场地的清理:工程完工后对临时用地内所有建筑、生活垃圾进行清理,垃圾运至指定位置处理,场地清理平整合格后,将其恢复原状。施工完工后请当地政府有关部门进行环保验收,取得地方政府的认可,并从当地政府取得环保措施得到实施的证明材料,确保不留环保后患。

10 资源节约

路缘石滑模机在路基上边制边行,可连续作业,生产相当方便。生产现场简单,并且机器生产效率高,对沥青混凝土路面工程的施工影响相对较小。由于无须拆卸即可运输,因此能够很快投入摊铺作业。路缘石滑模机全部操作仅需 5 人,一次成型后,路沿不再需要额外加工。该机生产省去了传统方法中的预制、运输、现场安装、勾缝修整等工序。采取就地生产,避免了材料浪费以及运输和现场安装过程中的损耗。路缘石滑模机生产与传统生产方法相比具有省人工、省材料、省时间以及无须支模板等优点,节省造价 35% ~45%。路缘石滑模机成型路缘石不采用振捣而采用锤击的方式。用锤击法挤压干硬性混凝土而成的路缘石密实度高,质地坚硬,在相同设计情况下比用振捣方式成型的路缘石强度高出 20% 左右。该机可以使路缘石直接浇筑成型,并且可下嵌于土地作基础,同时成型后的路缘石具有较高的抗冲击强度和稳定性,其整体强度及稳定性远远优于传统方式生产的路缘石。

11 效益分析

滑模摊铺机进行路缘石施工,施工人员数量只需传统预制安装工艺的 20%,施工工期能缩短 1/3,大大加快了施工进度,提高了工作效率,降低了劳动强度,节约了人工成本,并且节省了预制模型和部分运输成本。

12 应用实例

青海省 S302 峨堡至祁连公路第二标段和 S103 西宁至甘禅口病害整治 2 标段,采用滑模摊铺机进行路缘石施工,速度快、造价低、线形流畅,强度符合设计要求。应用实例如图 12-1、图 12-2 所示。

图 12-1 应用实例图一

图 12-2 应用实例图二

薄壁空心墩翻模施工工法

青海省交控建设工程集团有限公司企业工法

薄壁空心墩翻模施工工法

（编号：QHJGGF-09—2020）

主编单位：青海省果洛公路工程建设有限公司
批准单位：青海省交控建设工程集团有限公司

编制单位及编写人员

主 编 单 位：

青海省果洛公路工程建设有限公司

参 编 单 位：

青海省湟源公路工程建设有限公司

青海省海东公路工程建设有限公司

主要参编人员：

楚海涛　董选财　马青龙　王明军

目　　次

1 前言

近年来,随着我国经济的高速发展,高等级公路建设呈现出突飞猛进的势态。高等级公路建设对线形、技术指标等方面的要求使得山区公路建设中出现了很多高墩桥梁。高墩柱作为桥梁的重要组成部分,其施工中的质量控制成为桥梁建设的控制重点。阴靠峡大桥 4 ~ 18 号墩采用空心薄壁墩,在施工过程中采用翻模施工工艺,项目施工技术人员不断总结并改进该工法,在模板投入量一定的情况下,施工进度不断加快,工效显著。

2 工法特点

薄壁空心墩翻模施工工法由滑模演变而来,它由 3 节段大块组合模板、支架和内外工作平台组成。随着各节段混凝土的灌注,早期采用液压千斤顶为动力提升平台并带动支架,目前多采用塔式起重机配合手动千斤顶使模板不断翻升直至墩顶。翻模施工时,模板投入量少,利用率和周转率高,成本相对较低。同时,质量容易控制,施工条件简单,周期快;模板和内外作业平台可一次安装,并且适用于多种混凝土运输和提升方式,施工速度快。对泵送混凝土施工,能够随模板上翻同步接长泵送管道,提高了混凝土灌注速度;能够随时纠正墩身施工误差,便于模板及时清理、修整、刷油,使混凝土表面平整光洁;采用塔式起重机提升模板及工作平台,设备简单,经济合理;拆模后的混凝土表面平整光洁,成型混凝土达到外光内实的质量要求。

3 适用范围

本工法适用于公路、市政、铁路桥梁变截面(或等截面)空心(或实心)高墩柱施工,同时适用于高墩、高塔等钢筋混凝土结构工程。

4 工艺原理

翻模是依据外部吊点的单节整体模板提升或多节模板交替提升的工艺,即以下一节浇筑混凝土模板为上一节模板的支撑体系,将上节模板通过螺栓固定在下一节模板上,同时,内、外模板用对拉螺栓固定。外模板设置固定施工平台,施工人员在操作平台上进行模板的拆卸、安装、绑扎钢筋、混凝土的浇筑等。内、外模板各设 2 ~ 3 节,循环交替翻升,周而复始,直至完成整个墩身的施工。

5 施工工艺流程及操作要点

5.1 施工准备

5.1.1 施工前必须对所有特种作业人员进行岗前培训,持证上岗。

5.1.2 所有施工材料必须经试验室抽检合格后方能使用。

5.1.3 对承台接空心墩墩身部分的混凝土面进行凿毛处理,要求处理后的混凝土面必须为毛面,无浮浆且要露出粗集料。凿毛后要用清水将承台混凝土表面清洗干净。

5.1.4 空心墩墩身施工前必须对测量工程师所放的控制点进行复核,复核无误后弹出支模控制线。

5.2 施工工艺流程

翻模施工工艺流程如图5-1所示。

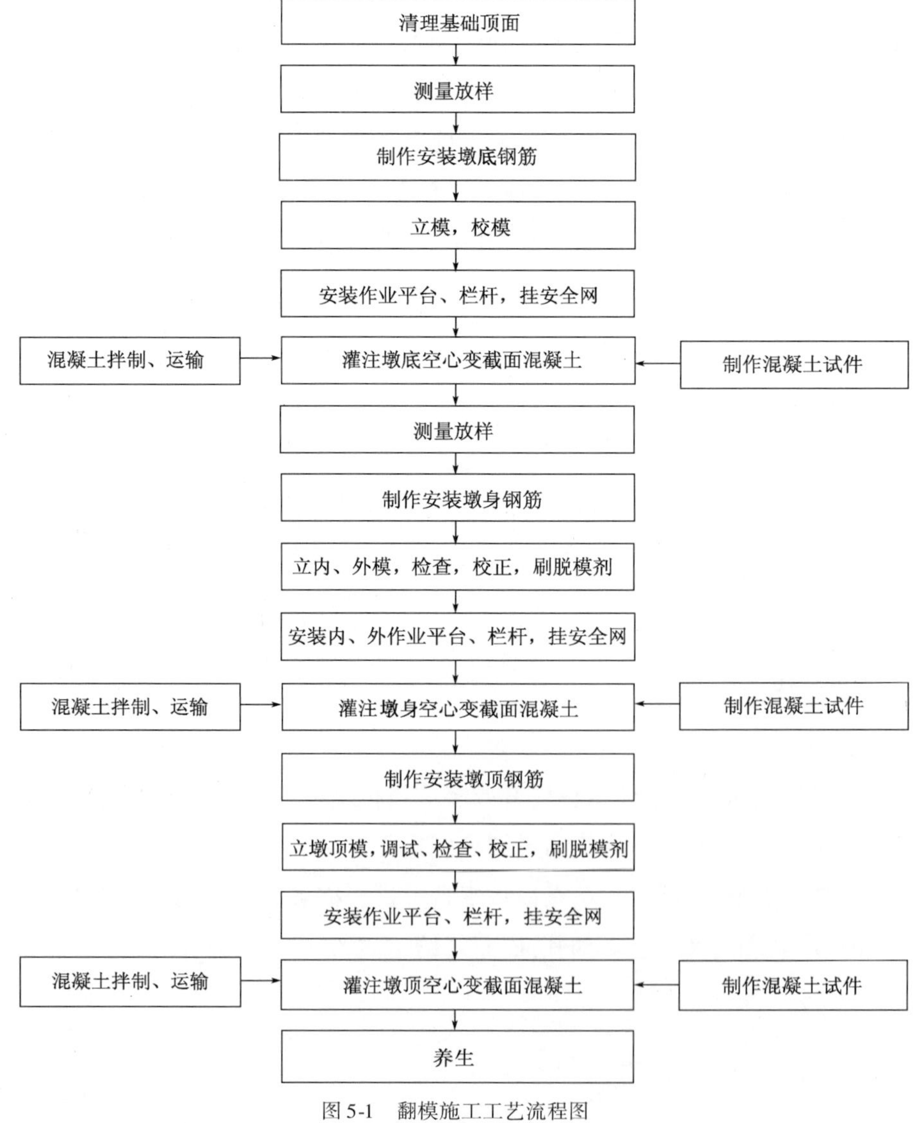

图5-1 翻模施工工艺流程图

5.3 操作方法及要点

5.3.1 测量控制

1 平面控制测量

加密布设导线施工平面控制网,以保证桥梁平面控制测量的精度,为放样工作创造有利条件,墩身中心定位测量采用三维坐标控制法。每墩施工前,将全站仪架设于桥梁施工控制点上进行桥墩中心定位,直接测定模板四角坐标,比较其计算坐标以确定水平位置及轴线偏移。

2 高程控制测量

在桥梁两侧布设水准点,每侧布置2个,且靠近施工现场,以便高程传递与校核。自桥梁一端永久水准点开始,逐墩测量,闭合在另一端的永久水准点上。水准点布设在不同的高度,以便混凝土施工到不同高度时使用。进行测量时,严格实行过程控制,定期联测各墩施工面水准点和高程。因桥墩未完工而无法完成附合导线测量时,按照闭合水准路线要求进行高程控制,并保证闭合限差满足施工要求。

5.3.2 桥墩底预埋钢筋

在混凝土承台施工前,根据设计图纸和承台放样数据,将墩柱主筋按照设计预埋,预埋深度符合图纸要求,外露长度以施工方便和利于钢筋保护为原则,同时注意错开主筋搭接位置(同一平面主筋搭接数量不超过50%),预埋钢筋外露长度一般为0.5~1.5m。

5.3.3 钢筋骨架制作安装

墩身主筋为ϕ28mm螺纹钢筋,墩身主筋采用9m/根,其接头采用镦粗直螺纹套筒连接。主筋与箍筋交叉处均采用点焊方式连接,上、下层箍筋接头焊缝应错开,焊缝长度应满足现行《公路桥涵施工技术规范》(JTG/T 3650)的规定及设计要求。

1 钢筋进场时,必须按批抽取试件做力学性能(屈服强度、抗拉强度和伸长率)和工艺性能(冷弯)试验,其质量必须符合现行《钢筋混凝土用钢 第1部分:热轧光圆钢筋》(GB/T 1499.1)和《钢筋混凝土用钢 第2部分:热轧带肋钢筋》(GB/T 1499.2)等国家标准的规定和设计要求。

2 钢筋应平直、无损伤,表面无裂纹、油污、颗粒状或片状铁锈。

3 钢筋的加工符合设计要求,当设计未提出要求时,应符合下列规定:

1)受拉热轧光圆钢筋的末端应做180°弯钩,其弯曲直径不得小于钢筋直径的2.5倍,钩端应留有不小于钢筋直径3倍的直线段。

2)弯起钢筋应呈平滑的曲线,其弯曲半径不得小于钢筋直径的10倍(光圆钢筋)或12倍(带肋钢筋)。

3)用光圆钢筋制成的箍筋,其末端应做不小于90°的弯钩;有抗震特殊要求的结构应做135°或180°的弯钩,弯钩的弯曲直径应大于受力钢筋直径,且不小于箍筋直径的2.5倍;弯钩端直线段的长度,一般不得小于箍筋直径的5倍,对有抗震特殊要求的结构,不得小于箍筋直径的10倍。

4 钢筋加工允许偏差和检查方法应符合表5-1的规定。

钢筋加工允许偏差和检查方法　　表 5-1

项　目	检 查 项 目		允 许 偏 差	检查方法和频率
1	受力钢筋间距(mm)	2 排以上排距	±5	尺量:每节 2 个断面
		基础、墩台、柱、系梁	±20	
2	箍筋、横向水平钢筋、螺旋筋间距(mm)		±10	每节 5～10 个间距
3	钢筋骨架尺寸(mm)	长	±10	抽查总数 30%
		宽、高或直径	±5	
4	保护层厚度(mm)	柱、梁、拱肋	±5	抽查总数 30%
		基础、锚碇、墩台、系梁	±10	沿模板 8 处

5　钢筋焊接、绑扎时应符合以下规定:

1）双面焊,焊缝长度≥5d,单面焊≥10d(d 为钢筋直径,下同)。

2）焊缝宽度≥0.7d 且 >10mm,焊接深度为 0.25d 且大于 4mm,焊缝饱满,不得出现气孔及夹渣现象。

3）所有受力钢筋采用焊接时,焊接接头设置在内力较小处,并错开布置,两接头间距不小于 1.3 倍搭接长度(35d 且≥50cm),在搭接长度段内的接头面积不得大于 50% 。

4）钢筋焊接时均使用 J502 或 J506 焊条进行焊接。

5）钢筋绑扎时,钢筋的交叉点用铁丝绑扎结实,箍筋转角与钢筋的交接点均绑扎牢固,平直部分的相交点采用梅花式交叉扎牢,绑扎时将铁丝向里弯,以确保不会伸向保护层内。

6）钢筋的保护层垫块采用梅花形高强砂浆垫块,确保垫块能承受足够压力而不破碎,且绑扎牢固可靠。纵横向间距均大于 0.8m,确保每平方米不少于 6 块砂浆保护层垫块。

7）墩身钢筋绑扎安装:墩身主筋除“顶部分节”长度根据各墩高而改变外,中间各节主筋长度一般均为 9.0m,竖向受力主筋采用机械连接。

(1)工艺流程。

钢筋滚轧直螺纹连接的工艺流程如图 5-2 所示。

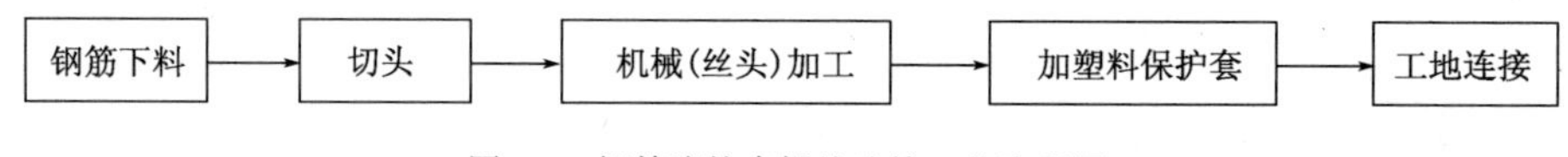

图 5-2　钢筋滚轧直螺纹连接工艺流程图

a. 钢筋下料裁切时,应在砂轮切割机上切头 0.5～10mm,以确保端部平整,不得有马蹄形、挠曲、缺角与钢筋轴线不垂直的现象,确保钢筋段顺直。

b. 已加工完成并检验合格的丝头要加以保护,钢筋一端丝头戴上保护帽,另一端拧上连接套,并按规定分类堆放整齐待用。

c. 钢筋连接时,钢筋的规格和连接套的规格一致,并确保丝头和连接套的丝口干净,无破损等现象。

(2)质量要求及注意事项。

a. 丝头:牙形饱满,牙顶宽度超过 0.6mm。秃牙部分累计长度不应超过 1 个螺纹周长。外形尺寸(含螺纹直径及丝头长度)应满足图纸要求。

b. 套筒:成品螺纹连接套应有产品合格证,母材应采用优质碳素结构钢或合金钢,其材质应符合现行《优质碳素结构钢》(GB/T 699)的规定。套筒两段应有保护盖,表面有明显的规格标记,套筒表面无裂纹和其他缺陷,外形尺寸(包括套筒内螺纹直径及套筒长度)应满足设计要求。

c. 连接:连接时确保丝头和连接套的丝口干净、无破损。被连接的钢筋断面处于连接套的中间位置,偏差不大于 1p(p 为螺距)。接头拼接时用管钳扳手拧紧,使两个丝头在套筒中内位置相互顶紧。拧紧力矩值参照表 5-2。

拧紧力矩值参照表 表 5-2

钢筋直径(mm)	16	18	20	22	25 ~ 28	32	36 ~ 40
拧紧力矩(N · M)	118	145	177	216	275	314	343

d. 钢筋的纵向主筋接头采用套筒连接,套筒连接严格按照现行《钢筋机械连接技术规程》(JGJ 107)和《钢筋机械连接用套筒》(JG/T 163)的有关规定执行。钢筋安装及钢筋保护层厚度允许偏差和检验方法,应符合表 5-3 的规定。

钢筋安装及钢筋保护层厚度允许偏差和检验方法 表 5-3

<table>
<tr><th>序 号</th><th colspan="2">名 称</th><th>允许偏差</th><th>检验方法</th></tr>
<tr><td>1</td><td colspan="2">受力钢筋排距(mm)</td><td>±5</td><td rowspan="3">尺量:两端、中间各 1 处</td></tr>
<tr><td rowspan="2">2</td><td rowspan="2">同一排中受力钢筋间距(mm)</td><td>基础、板、墙</td><td>±20</td></tr>
<tr><td>柱、梁</td><td>±10</td></tr>
<tr><td>3</td><td colspan="2">分布钢筋间距(mm)</td><td>±20</td><td>尺量:连续 3 处</td></tr>
<tr><td rowspan="2">4</td><td rowspan="2">箍筋间距(mm)</td><td>绑扎骨架</td><td>±20</td><td rowspan="2">尺量:连续 3 处</td></tr>
<tr><td>焊接骨架</td><td>±10</td></tr>
<tr><td>5</td><td colspan="2">弯起点位置(mm)(加工偏差 ±20mm 包括在内)</td><td>30</td><td>尺量</td></tr>
<tr><td rowspan="3">6</td><td rowspan="3">钢筋保护层厚度 c(mm)</td><td>$c \geq 35$</td><td>+10, -5</td><td rowspan="3">尺量:两端、中间各 2 处</td></tr>
<tr><td>$25 < c < 35$</td><td>+5, -2</td></tr>
<tr><td>$c \leq 25$</td><td>+3, -1</td></tr>
</table>

5.3.4 模板制作及安装

1 模板制作

鉴于墩身较高,为提高效率,降低施工成本,采用 1 台塔式起重机配合翻模进行施工。模板加工钢材采用 Q235 钢。焊接采用 E506 型碳钢焊条。面板采用 Visa 板,模板边框、竖肋采用松木"工"字木梁,模板与模板之间的连接采用法兰螺栓。

钢模板制作时模板的倒角必须采用"冲压成型"的方法制作成型。所有钢材加工前进行除锈校直处理。面板进行必要拼接时,背面连接,控制变形。成品模板除面板外侧,均喷涂 2 道防锈漆,并在背部醒目位置标示出模板型号。

2 模板安装

1) 立模准备

根据承台顶中心放出立模边线,立模边线外用砂浆找平,找平层用水准仪分段找平,待砂浆硬化后即可立模。

2) 模板安装

模板用塔式起重机吊装,人工辅助就位。先选择墩身一个面拼装外模,然后逐次将整个墩身第一节段外模组拼完毕。外模安装后吊装内模(空心薄壁段),用高强螺栓将模板连成整体,然后吊装围带和拉杆。

模板安装完成后检查各部分安装尺寸,符合安装标准后吊装模板固定架。为保证已安装模板的整体性,模板固定架采用间隔安装法安装。每节模板安装时,可在两节模板间的缝隙间塞填薄钢板纠偏。

安装内、外作业平台时为兼顾混凝土浇筑因素,内平台与待浇节段的混凝土顶面基本平齐,外平台低于外模 40cm。外作业平台固定在外模上,随模板一起翻升,外作业平台安装完毕后安装防护栏杆和安全网,搭设内作业平台。

每节模板安装后,用水准仪、铅垂仪和全站仪检查模板垂直度及平面位置尺寸。若误差超标应调整,直至符合标准。测量时用全站仪对三向中心线(横向、纵向、45°方向)进行测控。每次测量要在一个方向上进行换盘多次复测。测量要在无太阳强光照射、无大风、无振动干扰的条件下进行。

3）模板安装的工艺要求

在模板安装前,对模板进行彻底清理打磨,清除模板表面杂物,并涂刷优质脱模剂。模板安装时,及时调整与相邻模板板面间的接缝,应把模板错台控制在允许范围内,保证模板安装牢固,接缝平顺、严密、不漏浆。模板安装好并自检无误后,报请监理工程师进行检查。模板安装允许偏差见表 5-4。

模板安装允许偏差 表 5-4

序号	项　　目		允许偏差	检验频率(每个部位)	检验方法
1	节间错台(mm)		3	4	尺量
2	表面平整度(mm)		3	4	2m 直尺检验
3	垂直度(mm)		0.3%H 且不大于 20	2	垂线检查
4	模内尺寸(mm)		+5,-10	3	尺量:长、宽、高各测 1 点
5	顶面高程(mm)		+10,-10	4	水准仪测量
6	相邻墩、台柱间距(mm)		+20,-20	1	尺量
7	轴线位移(mm)		10	2	全站仪测量:纵、横各测 1 点
8	支撑面高程(mm)		+2,-5	1	水准仪测量
9	预埋件	位置(mm)	3	1	尺量
		平面高差(mm)	2		水准仪测量
10	预留孔洞	位置(mm)	15	1	尺量
		高程(mm)	±10		水准仪测量

注:H 为节段墩高。

4）墩身线形控制

为保证放样准确,在大桥两头各设 1 个强制对中点,作为测量控制点。在承台浇筑完混凝土后,利用大桥控制网对其准确放出墩身大样,并标出墩身大样外移 35cm 线,然后立模、施工墩身混凝土。

每提升 1 次模板,先将铅垂仪立在墩身大样外移 35cm 线上检查模板垂直度,然后利用全站仪对四边的模板进行检查调整。施工中要检查模板对角线,将误差控制在 5mm 以内,以保证墩身线形。

检查模板时,已浇筑混凝土的模板上每个方向做 2 个方向点,以便大雾天气不能检查模板时,可以拉线与全站仪互为校核,不影响施工。

5.3.5 混凝土浇筑

浇筑混凝土前应检查模板、钢筋及预埋件的位置、尺寸和保护层厚度，确保其位置准确、保护层厚度足够，经监理工程师检查签认后，方可进行混凝土的浇筑。混凝土采用拌和站集中拌和，混凝土搅拌运输车运输，现场使用塔式起重机垂直运输，采用插入式振捣器振捣。

1 如混凝土施工高度大于2m，为使混凝土在浇筑时不产生离析，混凝土将通过串筒滑落。为保证混凝土的振捣质量，振捣时要满足下列要求：

1）混凝土分层浇筑，层厚控制在30cm左右。

2）振捣前振捣棒应垂直或略有倾斜地插入混凝土中，倾斜适度，否则会减小插入深度而影响振捣效果。

3）插入振捣棒时稍快，提出时略慢，并边提边振，以免在混凝土中留下空洞。

4）振捣棒的移动距离不超过振捣器作用半径的1.5倍，并与模板保持5～10cm的距离。振捣棒插入下层混凝土5～10cm，以保证上、下层混凝土之间的结合质量。

混凝土的浇筑要保持连续进行，若因故必须间断，间断时间要小于混凝土的初凝时间，其初凝时间由试验确定。在混凝土强度达到10MPa以上时即可拆模。

2 表面观感质量。

混凝土密实整洁、表面平整，阳角的棱角整齐平直，节点或交角、交线、交面清晰，线形平顺。无油迹，无锈斑，无粉化物，无流淌和冲刷痕迹；无明显裂缝，无漏浆，无跑模和胀模，无明显错台，无冷缝，无夹杂物，无蜂窝麻面，无明显的气泡现象。

混凝土保持拆模后的原貌，无剔凿、磨、抹或涂刷修补处理的痕迹。混凝土保护层均匀，无露筋。

混凝土结构允许偏差见表5-5。

混凝土结构允许偏差 表5-5

项目	检查项目	允许偏差	检查方法和频率
1	相邻间距（mm）	±20	尺量或全站仪测量：顶、中、底测3处
2	竖直度（mm）	0.3%H且不大于20	垂线仪或经纬仪测量：测2点
3	墩顶高程（mm）	±10	水准仪测量：测3处
4	轴线偏位（mm）	10	全站仪或经纬仪测量：纵、横各测2点
5	断面尺寸（mm）	±15	尺量：测3个断面
6	节段间错台（mm）	3	尺量：每节测2～4处

注：H为节段墩高。

混凝土连续浇筑时，浇筑现场的混凝土坍落度应在要求的范围内。采用人工插入式振捣，振捣时混凝土的各个部位都受到振动且不发生离析现象。振捣器不与钢筋或模板直接接触。

应使用优质高效的脱模剂，禁止使用废机油，脱模剂必须有利于确保混凝土的外观质量。

5.3.6 混凝土养生

1 薄壁空心墩混凝土浇筑完毕后的12h内对混凝土加以保湿养生。同时要定专人负责洒水养生，确保混凝土表面保持湿润状态。

2 在模板拆除后，对薄壁空心墩外露面采用喷淋养生。

3　薄壁空心墩混凝土养生期限不得少于7d。

混凝土浇筑完成到表面收浆后尽快对混凝土进行养生,终凝后及时覆盖湿土工布进行养生。拆模后用塑料薄膜包裹洒水养生,保湿养生时间参照表5-6。

混凝土养生最低期限

表5-6

混凝土类型	水胶比	大气湿度为50%～75%,无风,无阳光直射		大气湿度<50%,有风或阳光直射	
		日平均气温(℃)	保湿养生期限(d)	日平均气温(°)	保湿养生期限(d)
胶凝材料主要为硅酸盐水泥或普通硅酸盐水泥	≤0.45	5	7	5	10
		10	5	10	7
		≥20	3	≥20	5

5.3.7　模板拆除

混凝土浇筑48h后或混凝土强度达到2.5MPa时即可进行拆模施工。拆模时,松开对拉螺杆和紧固螺栓,将模板用钢丝绳连接在塔式起重机或汽车起重机上,用撬棍等工具将模板拆除。拆除时,钢丝绳竖直靠近模板,防止模板晃动幅度过大碰撞墩柱而造成模板的变形和墩柱外观质量的损伤。

6　材料与设备

翻模施工常用机具见表6-1。

翻模施工常用机具表

表6-1

机械名称	规格型号	生产效率	生产厂家	数量(台)
混凝土搅拌运输车	DFE5250	$10m^3$	湖北	3
混凝土泵	HBT62A	$60m^3/h$	徐州	1
汽车起重机	QY35K	35t	徐州	1
塔式起重机	QTZ100	最大吊重4t	青岛	1
电梯	SC200/200	2×2000kg	柳州	1
钢筋切断机	GQ40B-FB		山东	1
振动器			徐州	3
模板	105系列			

7　质量控制

施工前应对各材料按照有关规范和设计要求进行检查验收。对施工程序、工艺流程、检测手段进行检查。

施工进行中对钢筋加工、模板制作安装、混凝土浇筑进行全面检查控制,并按照现行《公路桥涵施工技术规范》(JTG/T 3650)和《公路工程质量检验评定标准　第一册　土建工程》(JTG F80/1)的要求填写相应的质量检验记录表。

高墩成品质量检验标准必须符合表 7-1 的要求。

墩、台身质量检验　　表 7-1

项次	检查项目	规定值或允许偏差	检查方法
1	混凝土强度(MPa)	在合格标准内	按《公路工程质量检验评定标准　第一册　土建工程》(JTG F80/1—2017)附录 D 检查
2	断面尺寸(mm)	±20	尺量:测 3 个断面
3	竖直度(mm)和斜度(mm)	0.3%H 且不大于 20	垂线或经纬仪测量:测 2 点
4	顶面高程(mm)	±10	水准仪测量:测 3 点
5	轴线偏位(mm)	10	经纬仪检查:纵、横向各测 2 点
6	节段错台(mm)	5	尺量:每节测 4 处
7	大面积平整度(mm)	5	2m 直尺
8	预埋件位置(mm)	10	尺量

注:H 为墩、台身高度。

8　安全措施

8.1　安全规范

施工中的安全技术工作,除遵守一般施工安全操作规程外,还应遵守现行《建筑施工高处作业安全技术规范》(JGJ 80)的规定,在施工前制订具体的安全措施。

8.2　安全技术保证措施

8.2.1　危险警戒区设置围栏和明显警戒标志,出入口设专人警卫,并制定警卫制度。

8.2.2　进行立体交叉作业时,上、下工作面间搭设隔离防护棚。

8.2.3　各种牵拉钢丝绳滑输装置管道电缆及设备等,均采取防护措施。

8.2.4　现场垂直运输机械的布置,应符合下列要求:

1　垂直运输用的卷扬机布置在危险警戒区以外,并尽量设在能与塔架上下通视的地方。

2　当采用多台塔式起重机同场作业时,防止相互碰撞。

8.2.5　操作平台按设计图纸加工制作,如有变动,应经主管设计人员同意,并有相应的设计变更文件。

8.2.6　操作平台及吊脚手架上的铺板,应严密、平整、防滑、固定可靠,并不得随意挪动。

8.2.7　操作平台上的孔洞(上、下层操作平台的通道孔,梁模滑空部位等),设盖板封严。

8.2.8　操作平台(包括内外吊脚手架)的边缘,设钢制防护栏杆,其高度不小于 120cm,横挡间距不大于 35cm,底部设高度大于 18cm 的挡板。在防护栏杆外侧满挂铁丝网或安全网封闭,并与防护栏杆绑扎牢固。

8.2.9　操作平台的内、外吊脚手架,兜底满挂安全网,并符合下列规定:

1　不得使用破烂变质的安全网,安全网与吊脚手架用铁丝或尼龙绳等进行等强连接,连接点间距不大于50cm。

2 安全网片之间满足等强连接,连接点间距与网结间距相同。

3 在人料道口设防护栏杆,在其他侧面用铁丝网封闭。防护栏杆和封闭用的铁丝网高度不小于1.2m。

9 环保措施

为了保护生态环境,防止水土流失,同时确保沿线自然地貌和植被不被破坏,在施工时要做到全面规划,合理布局,为当地百姓创造清洁、适宜的生活和劳动环境。项目部应加大教育,将环保责任和义务落实到每个人。

9.0.1 严格执行国家及地方政府颁布的有关环境保护、水土保持的法规、方针和政策,建立环保责任制,设立环保宣传牌,由专人负责,会同监理工程师和当地环保机构,定期或不定期对施工中的环境保护工作进行检查,并将检查情况书面上报环保单位。

9.0.2 施工废水、生活废水采用沉淀池、化粪池等方式处理,清洗集料或含有油污的废水采用集油池的方式处理,不得污染水源及耕地。

9.0.3 施工便道要经常洒水,防止车辆通过时尘土飞扬。

9.0.4 场地清理及废料处理,按图纸规定或遵循监理工程师的指示进行。

10 效益分析

高墩施工一般采用滑模、爬模、翻模三种方式进行。

滑模施工一般采用截面形式单一、无较多结构物的等截面垂直塔柱,需预埋套筒,有一定的局限性,且滑模配套设备多,施工机具投入大,模板刚度高,自重大,混凝土外观质量差,施工纠偏困难。一旦开始施工不得中断,雨季施工质量难以保证。

爬模利用已浇筑混凝土墩身为支撑,依靠模板提升爬架,集工作平台、模板、支架为一体。所需机具设备少,但需单独的提升系统,且需预埋套筒。

翻模是依靠外部吊点的单节整体模板提升或多节模板交替提升的工艺。这种模板系统依靠混凝土对模板的黏结力自成体系,制造简单,构件种类少,模板的大小可根据施工能力灵活选用,施工速度快。但模板本身不能爬升,要依靠外部起重设备提升。

11 应用实例

花石峡至久治段花大HD8标段阴靠峡大桥长928m,起讫里程为K79+124~K80+052,桥梁中心桩号为K79+588。

全桥跨径布置:4 ×40m +3 ×40m +3 ×40m +3 ×40m +3 ×40m +4 ×40m。

上部结构:采用 23 ×40m 装配式预应力混凝土连续 T 梁。

下部结构:0 号桥台采用肋板台配桩基础,23 号桥台采用柱式台配桩基础,1 ~3 号桥墩、19 ~22 号桥墩采用 D200 柱式墩配桩基础。

4 ~18 号桥墩墩柱为等截面矩形双柱式空心薄壁墩,在施工过程中采用翻模施工工法。鉴于阴靠峡大桥墩身较高,为提高效率,降低施工成本,采用 1 台塔式起重机配合翻模进行施工。阴靠峡大桥4 ~18 号薄壁空心墩外模板与内模板均采用专制模板,共配置 4.75m 高模板 4 套。薄壁空心墩顶盖梁共 15 道,模板采用专制钢模,侧模配置 1 套,底模配置 3 套。每级模板按 5d 完成一次浇筑拼装周转,施工进度快,质量优良。